実践的技術者のための
電気電子系教科書シリーズ

アルゴリズムとデータ構造

田中秀和 著

理工図書

発刊に寄せて

人類はこれまで狩猟時代，農耕時代を経て工業化社会，情報化社会を形成し，その時代時代で新たな考えを導き，それを具現化して社会を発展させてきました。中でも，18 世紀中頃から 19 世紀初頭にかけての第 1 次産業革命と呼ばれる時代は，工業化社会の幕開けの時代でもあり，蒸気機関が発明され，それまでの人力や家畜の力，水力，風力に代わる動力源として，紡績産業や交通機関等に利用され，生産性・輸送力を飛躍的に高めました。第 2 次産業革命は，20 世紀初頭に始まり，電力を活用して労働集約型の大量生産技術を発展させました。1970 年代に始まった第 3 次産業革命では電子技術やコンピュータの導入により生産工程の自動化や情報通信産業を大きく発展させました。近年は，第 4 次産業革命時代とも呼ばれており，インターネットであらゆるモノを繋ぐ IoT（Internet of Things）技術と人工知能（AI：Artificial Intelligence）の本格的な導入によって，生産・供給システムの自動化，効率化を飛躍的に高めようとしています。また，これらの技術やロボティクスの活用は，過去にどこの国も経験したことがない超少子高齢化社会を迎える日本の労働力不足を補うものとしても大きな期待が寄せられています。

このように，工業の技術革新はめざましく，また，その速さも年々加速しています。それに伴い，教育機関にも，これまでにも増して実践的かつ創造性豊かな技術者を育成することが望まれています。また，これからの技術者は，単に深い専門的知識を持っているだけでなく，広い視野で俯瞰的に物事を見ることができ，新たな発想で新しいものを生みだしていく力も必要になってきています。そのような力は，受動的な学習経験では身に付けることは難しく，アクティブラーニング等を活用した学習を通して，自ら課題を発見し解決に向けて主体的に取り組むことで身につくものと考えます。

本シリーズは，こうした時代の要請に対応できる電気電子系技術者育成のための教科書として企画しました。全 23 巻からなり，電気電子の基礎理論をしっかり身に付け，それをベースに実社会で使われている技術に適用でき，また，新たな開発ができる人材育成に役立つような編成としています。

編集においては，基本事項を丁寧に説明し，読者にとって分かりやすい教科書とすること，実社会で使われている技術へ円滑に橋渡しできるよう最新の技術にも触れること，高等専門学校（高専）で実施しているモデルコアカリキュラムも考慮すること，アクティブラーニング等を意識し，例題，演習を多く取り入れ，読者が自学自習できるよう配慮すること，また，実験室で事象が確認できる例題，演習やものづくりができる例題，演習なども可能なら取り入れることを基本方針としています。

また，日本の産業の発展のためには，農林水産業と工業の連携も非常に重要になってきています。そのため，本シリーズには「工業技術者のための農学概論」も含めています。本シリーズは電気電子系の分野を学ぶ人を対象としていますが，この農学概論は，どの分野を目指す人であっても学べるように配慮しています。将来は，林業や水産業と工学の関わり，医療や福祉の分野と電気電子の関わりについてもシリーズに加えていければと考えています。

本シリーズが，高専，大学の学生，企業の若手技術者など，これからの時代を担う人に有益な教科書として，広くご活用いただければ幸いです。

2016年11月　　　　編集委員会

実践的技術者のための電気・電子系教科書シリーズ 編集委員会

田中秀和　大同大学教授
博士(工学)（名古屋工業大学），技術士（情報工学部門）
1973年　名古屋工業大学工学部電子工学科卒業
1973年　川崎重工業（株）ほかに従事し，
1991年　豊田工業高等専門学校（助教授，教授）
2004年　大同大学教授（2016年からは特任教授）
著書　QuickCトレーニングマニュアル（JICC出版局），C言語によるプログラム設計法（総合電子出版社），C++によるプログラム設計法（総合電子出版社），C言語演習（啓学出版，共著），技術者倫理―法と倫理のガイドライン（丸善，共著），技術士の倫理（改訂新版）（日本技術士会，共著），実務に役立つ技術倫理（オーム社，共著），技術者倫理　日本の事例と考察（丸善出版，共著）

所　哲郎　岐阜工業高等専門学校教授
博士(工学)（豊橋技術科学大学）
1982年　豊橋技術科学大学大学院修士課程修了
1982年　岐阜工業高等専門学校（助手，講師，助教授を経て）
2001年　岐阜工業高等専門学校教授　現在に至る
著書　学生のための初めて学ぶ基礎材料学（日刊工業新聞社，共著）

所属は2016年11月時点で記載

まえがき

本書は，電気・電子・情報に関する技術者，学習者のための「アルゴリズムとデータ構造」の演習を中心にしたテキストである。

アルゴリズムとデータ構造の授業科目として全国の大学や高専の電気・電子・情報の関連の学科で取り上げてられているテーマは網羅している。

アルゴリズムもデータ構造もプログラミング演習の要に位置する必須のものである。

アルゴリズムとは何かから始め，計算の効率化が重要であること。その例として，数列の和，最大値・最小値を求める，総和や平均といった簡単な統計値を求めることから始め，データの整列（ソート）や探索（サーチ）のアルゴリズムを前半の中心テーマとして取り組んでいる。整列の技法としては大変多くの手法が提案されており，それだけで分厚いテキストを構成している例もあるが，ここでは代表的なものだけを紹介している。また探索の技法も著名な技法は紹介している。

アルゴリズムに関しては，再帰の考え方と再帰的なプログラムが重要であり，多くの例ををとりあげて理解を高める工夫をした。

データ構造としては，まずは配列をとりあげている。特にデータの整列や探索には配列を例にしている。さらにデータ構造の中心であるリスト構造についてはじっくり取り組んでいる。単方向リスト，環状リスト，双方向リストについて多くの例をとりあげて説明している。さらに，スタックや，待ち行列（キュー）については，多くの応用例をとりあげた。ヒープあるいは木構造といった代表的なものは一通り網羅している。紙数の都合で木構造については入門的な段階でとどめている。実用的なレベルに到達するためにはより高度なテキストを参照されたい。

なお，本書の内容を学習するための，前提知識として，プログラミングの文法等の基礎知識をもち，プログラミングスキルをある程度修得していることが

ある。とりわけ本書ではC言語によるプログラミングを想定している。例題は全てC言語をベースに取り上げ，演習課題もC言語のプログラミングの演習 である。

アクティブラーニングに対する取組みとして，本書ではできるかぎり演習課題の充実に心掛けた。例題によってアルゴリズムやデータ構造の理解を深め，演習課題を自分自身で解決することが上達の近道である。テキストでは，学習者の自学自習を促すため，また理解度を確認するために新たな単元を取り上げるごとに，やさしい演習課題を多く設定した。

本書は，情報科学や情報工学の研究者向けのものを目指していないため，計算量の厳密な議論であるとか計算複雑さ，計算可能性の議論等は省略した。また，数値計算の入門的な事項は取り上げたが，連立一次方程式の解法とか各種の補間や近似の手法，数値積分，数値微分，または微分方程式の解法といった数値計算法に関連する本格的な話題は取り上げていない。同様に，乱数とか，乱数を用いた簡単なシミュレーションについては触れたが，本格的な，待ち行列理論を中心に置いた離散系シミュレーションであるとか，微分方程式をベースにした連続系シミュレーションについても取り上げていない。また，高速フーリエ変換，グラフやネットワーク，幾何的アルゴリズム等の多くの重要なテーマもカットせざるを得なかった。

本書を手掛かりとして，より幅広い応用議論やより深い議論については多くの研究書が出版されているのでそちらを参照してほしい。

本書を世に出すに当たって，編集委員会の柴田編集長，青木編集委員にはお世話になりました。とりわけ青木先生には丁寧に査読いただき大変感謝しております。また常日頃から，授業を進めていく際に有益なご助言をいただいております齋藤兼次技術士には，特段の謝意を表します。

目　次

1章　アルゴリズムとは

コンピュータは，定型的な処理に関しては，人間よりはるかに速く大量に誤りのない結果を導くことができる。コンピュータのソフトウェアの中心的な存在であるプログラムはアルゴリズムとその手順を進めるために必要となる適切なデータ構造との組合せとして構成される。

本章ではアルゴリズムとは何かについて学ぶ。

アルゴリズムとは，解があることが分かっている問題（課題）を解くための手順を定式化した形で表現したものである。与えられた課題は有限の回数の手順を踏んで，その解に至ることができることが前提である。アルゴリズムはその解を得るための正しいかつ具体的な手順と根拠を提供する。そして，多くの場合においてその手順の効率性が重要となる。正しく効率的なアルゴリズムについて考えていこう。

1.1　数列の和を求めるアルゴリズム

まず，次の問題を考えてみよう。正の整数 n が与えられる。このとき 1 からはじめて順に整数 n まで数列の和 S を求めるプログラムをつくろう。式で表現すれば次のようになる。

$$S=\sum_{i=1}^{n}i=1+2+\cdots+n$$

これをプログラムにすると，いろいろなアイディアが出てくる。

問題に対して素直に取り組んだ例として，次のようなプログラムが想定できる。問題に対して，順に処理の内容を展開すると，n が標準入力（キーボード）から与えられて，これをもとに，「$S=1+2+\cdots+n$ を計算し，S を求め，S を標準出力（モニタディスプレイ）に表示出力せよ」となる。

このプログラムでは，総和 S を変数 sum とし，1 から n まで順に足し込んでいる。

```
/* sum.c   sum=1+2+...+n */
#include <stdio.h>
void main(void)
{
    int i,n,sum;
    printf("please key in integer n =");
    scanf("%d",&n);
    sum=0;
    for(i=1;i<=n;i++) sum=sum+i;
    printf("sum=%d\n",sum);
}
```

nから数えて順に値を減らして1まで足し込んでいく場合でも，同じ結果となる。この場合，繰返しの処理，`for(i=1;i <=n;i ++) sum=sum + i`を，`for (i=n;i >=1;i--) sum=sum + i`に変える必要がある。このとき処理の速い遅いといった差はない。また，次のプログラムも，この問題に対する答えである。

```
/* sum-c.c   sum=1+2+...+n */
#include <stdio.h>
void main(void)
{
    int n;
    printf("please key in integer n =");
    scanf("%d",&n);
    printf("sum=%d\n",n*(n+1)/2);
}
```

1.2　計算の効率を考える

これらの3つのプログラムは正答を返すという意味では同等である。しかしながら，アルゴリズムを学ぶ意味はそれだけではない。正答が求まればそれでよいのではないのである。

プログラム sum-c.c の根拠

数列の和のもっとも簡単な例である。

$$S=1+2+\cdots+n$$

この式の並びを逆順に変えると，

$$S=n+(n-1)+\cdots+1$$

これらの2式の右辺と左辺をおのおの足すと

$$2S=(n+1)+(n+1)+\cdots+(n+1)$$

ただし，右辺の項数は n 個である。よって，

$$S=\frac{n(n+1)}{2}$$

となる。

計算の複雑さを，計算機の速さとは独立に議論することを考える。そのために，実際にかかる時間ではなく，単位となる操作を行う回数を数えることにする。このようにして，測られる計算そのものの複雑さのことを時間計算量と呼び，実際にかかる計算時間は，時間計算量と計算機械固有の単位処理時間の積となる。この計算量については，処理に必要な領域の大きさを問題にする空間計算量もあり，限られた領域で複雑な処理を実行する場合に問題となる。計算量に関する議論は，計算機科学における重要項目の一つである。

アルゴリズムの計算量を議論するときに計算量のオーダー（Order）を取り扱うことがある。問題の大きさ，ここでは，`sum.c`，および `sum-c.c` を例にとって考える。n が与えられて，$S=1+2+\cdots+n$ を計算するプログラムのうち，`sum.c`，では n 件のデータの加算を行う。n に比例するので，計算量の

オーダーとして $O(\mathrm{n})$ となる。詳しい議論は後ほど行う。

一方 `sum-c.c` では，n 回の繰り返しといった方法ではなく，等差数列の和の公式によって求めているので，繰り返しの処理をせずに解答を得ている。この例のようにその回数が n の値に依存しないオーダーを $O(1)$ という。究極のアルゴリズムといえるものである。

計算機科学の世界，特にアルゴリズムの世界では正答を求めるのに繰り返しの回数を節約した考え方を示した，このように効率の良いアルゴリズムを求めることがまず第一歩である。

- 正しい結果が出ること　－－－　必須
- 効率が良いこと　－－－　アルゴリズムとデータ構造を学ぶ意味
- （分かりやすいこと）
- （拡張性，汎用性，再利用性）

アルゴリズムを開発するには「努力」と「閃き（ひらめき）」とが必要。

まずは，先人の苦労の後を追いかけて（努力して）みよう。

演習

次のプログラムを「効率の良い」という観点でつくってみよう。

1. `sum.c` を一般化した問題である。初項 a，公差 d の等差数列の和すなわち，初項から第 n 項 $\{a+(n-1)d\}$ までの総和を求めるプログラムをつくれ。

$$S_a=\sum_{i=1}^{n}\{a+(i-1)d\}=a+(a+d)+\cdots+\{a+(n-1)d\}$$

2. 前問の等差数列の和を，等比数列の和にした問題である。初項 a，公比 r の等比数列の初項から第 n 項（ar^{n-1}）までの総和を求めるプログラムをつくれ（ここでは $r\neq1$ とする）。

$$S_b=\sum_{i=1}^{n}\{ar^{(i-1)}\}=a+ar+\cdots ar^{(n-1)}$$

3. ある 1 より大きい整数 n が与えられるものとする。1 からその値までの数値の2乗した値の総和を求めるプログラムをつくれ。

$$S_2=\sum_{i=1}^{n} i^2=1^2+2^2+\cdots n^2$$

4．ある1より大きい整数 n が与えられるものとする。1からその値までの数値の3乗した値の総和を求めるプログラムをつくれ。

$$S_3=\sum_{i=1}^{n} i^3=1^3+2^3+\cdots n^3$$

5．ある1より大きい整数 n が与えられるものとする。次の値を求めよ。

$$S_4=\sum_{i=1}^{n} \frac{1}{i(i+1)}=\frac{1}{1\cdot 2}+\frac{1}{2\cdot 3}+\cdots+\frac{1}{n(n+1)}$$

6．ある1より大きい整数 n が与えられるものとする。次の値を求めよ。

$$S_5=\sum_{i=1}^{n} \frac{1}{i(i+2)}=\frac{1}{1\cdot 3}+\frac{1}{2\cdot 4}+\cdots+\frac{1}{n(n+2)}$$

S_bのヒント

S_bに公比 r を掛けた rS_bを求め，S_bとの差をとれば，途中の項が消去でき，初項と第 n 項のみの式となる。公式を導出してみよ。

S_2のヒント

任意の整数値 i について S_2については，次の恒等式

$$i^3-(i-1)^3=3i^2-3i+1$$

が成り立つ。これを利用する。公式を導出してみよ。

S_3のヒント

任意の整数値 i について S_3については，次の恒等式

$$i^4-(i-1)^4=4i^3-6i^2+4i-1$$

が成り立つ。これを利用する。公式を導出してみよ。

S_4のヒント

任意の整数値 i について次の恒等式が成り立つ（ただし i および $i+1$ が0でないものとする）

$$\frac{1}{i(i+1)}=\frac{1}{i}-\frac{1}{i+1}$$

これを利用して各項を展開する。公式を導出してみよ。

S_5のヒント

任意の整数値 i について次の恒等式が成り立つ（ただし i および $i+2$ が 0 でないものとする）。

$$\frac{1}{i(i+2)}=\frac{1}{2}\left(\frac{1}{i}-\frac{1}{i+2}\right)$$

これを利用する。公式を導出してみよ。

1.3　プログラムの処理の流れを追いかけてみよう

次のプログラムの指示に従って正の整数 m，$n(m > n > 0)$を入力する。結果として得られる整数はもとの整数に対して何を表すか？

```
    /*   euclid.c */
    #include <stdio.h>
void main(void) {
    int r,m,n;
    printf("please input integer m,n (m>n>0) = ");
    scanf("%d,%d", &m,&n);
    while(n!=0) {
      r=m%n;
      m=n; n=r;
    }
    printf("result is %d ",m);
}
```

r=m%n は，正の整数 m を n で割った余りを求め r に代入する。正の整数 m，n として，おのおの 24，12 を入力すると，割り切れる（余りが 0）ため，最

初の r が 0 となる。その流れで，m は 12，n が 0 となるので繰り返し条件が満たされず終了する。結果として m に 12 が得られる。

次に，今度は正の整数 m，n として，おのおの 18，10 を入力すると，最初の r は 8 となる。その流れで，次の m の値は 10，n が 8 となるため，次の r は 2 となる。さらに，m は 8，n が 2 となる。この段階で次の r は 0 となり，m は 2，n が 0 で繰り返しが終了する。結果として m として 2 が得られる。

以上から結果として得られるのは最初の正の整数 m，n の最大公約数が求められる。これがユークリッドの互除法である。

演習

1. euclid.c における余りを求める演算を差を求める演算としてみよう。具体的には，r=m%n の代わりに，r=(m > n)? m-n: n-m;とすると処理の流れはどうなるか，また結果はどのようになるかを調べてみよう。さらに，繰返しの回数の比較をしてみよ。
2. ユークリッドの互除法を利用して，正の整数 m，n の最小公倍数を求める処理を追加せよ。
3. 次のプログラムの処理の流れを追いかけてみよう（まずプログラムをつくらないで解を導き，その後プログラムをつくってその解を確認せよ）。
   正の整数 n をこえない分母，分子を有する既約分数をその値の大きさの順に並べて得られる数列を，n に属するファーレイ数列と呼ぶ。
   ここではプログラミングの都合上，分数を表現するのに /（スラッシュ，スラント）で分子と分母を区切ることにする。
   プログラムを次に示す。ただし，a_0/b_0は，ファーレイ数列には含まないものとする。

```
/* farey.c */
#include <stdio.h>
void main(void) {
    int a,b,a0,b0,a1,b1,n;
```

```
    printf("please input n = ");
    scanf("%d", &n);
    a0=0; b0=1; a=1; b=n;
    while(a!=b&&b>1) {
      printf(" %d/%d ",a,b);
      a1=((b0+n)/b)*a-a0;
      b1=((b0+n)/b)*b-b0;
      a0=a; b0=b; a=a1; b=b1;
   }
 }
```

このプログラムを実行させ，例えば，n を 2 とすると，標準出力には何が表示されるか？

4. また前問において，n を 3 とすると，何が表示されるか？　さらに，4 や 5 を与えると何が表示されるか？

1.4 素数判定のアルゴリズム

素数判定のアルゴリズムを考えてみよう。ある 1 より大きい整数 n が標準入力（キーボード）から与えられるものとする。この数が素数かどうかを判定するプログラムを考えてみよう。まず素数の定義から見直していこう。

一般的に素数というのは，1 とその数自身 n しか約数を持たない数である。また，1 は素数ではないとする。

ある数 n が素数であるかどうかを判定するには，2 から順にその数 n になるまで割り算を実行して，割り切れれば約数があるので，その時点で繰り返しを終了して「素数でない」と判定できる。全ての繰り返しを終えてなお約数がなければ「素数」である。プログラム例を示す。

```
/* prime number check primenumbe.c */
#include <stdio.h>
void main(void) {
    int n,i,flag;
    printf("please key in data n= ");
    scanf("%d",&n);
    flag=1;
    if(n==1) flag=0;
    for(i=2;i<n;i++) {
        if(n%i==0) { flag=0; break; }
    }
    if(flag==1) printf("%d is a prime number\n",n);
        else printf("%d is not a prime number\n",n);
}
```

演習

1. 素数判定のアルゴリズムを改善したい。ある数 n が素数であるかどうかを判定するには，2で割り算をして，3で割り算をした後は偶数はスキップして良い。プログラムを改善せよ。
2. 3以降の奇数だけの割り算を実行すれば十分であるだけでなく，さらにその数 n まで調べる必要はない。$\sqrt{n}$ まで調べれば十分である。なぜかを考え，さらにプログラムを改善せよ。

1.5　変数の最大値を求めるアルゴリズム

ここでは，最大値を求めるアルゴリズムについて考えてみよう。

まず，与えられた変数の中からその最大値を見つけ出すプログラムを考えてみよう。

• 整数 a,b が標準入力（キーボード）から与えられるものとする。このうち

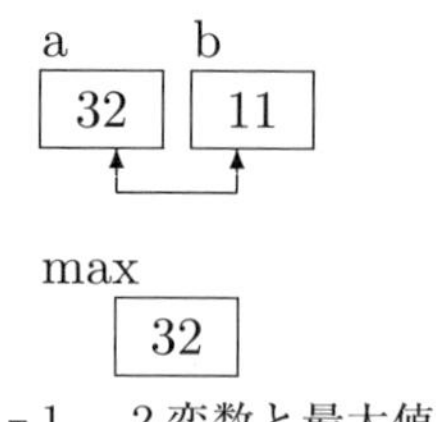

図1-1　2変数と最大値

大きい方の値を max に代入し，標準出力（モニタディスプレイ）に表示出力せよ（図1-1）。

この問題に関するプログラムを示す。2変数の大きい方を選べばよいので比較照査は一通りであり，プログラムも簡単である。プログラムを max.c として，示そう。

```
/* max.c */
#include <stdio.h>
void main(void)
{
    int a=32,b=11,max;
    if(a>b) max=a; else max=b;
    printf("max=%d\n",max);
}
```

C言語では3項演算子の? :があり，`if(a > b) max=a; else max=b;`を，`max=(a > b)? a: b;`に書きかえることができる。

次に示す max-c.c は，それまでの総当たり式の比較照査から，max という変数に最大値を格納するという意味を持たせて，新たな変数と max との比較照査をするという考え方に基づいている（図1-2）。

```
/* max-c.c */
#include <stdio.h>
void main(void)
{
```

```
    int a=32,b=11,max;
    max=a;
    if(b>max) max=b;
    printf("max=%d\n",max);
}
```

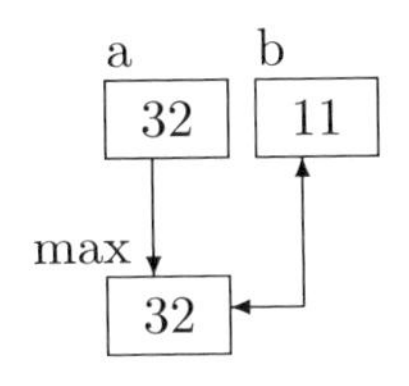

図1-2 2変数と最大値その2

次に，3変数の最大値を求める問題を考えてみよう。

- 整数 a,b,c が標準入力から与えられるものとする。このうち最大値を max に代入し，標準出力に表示出力せよ。

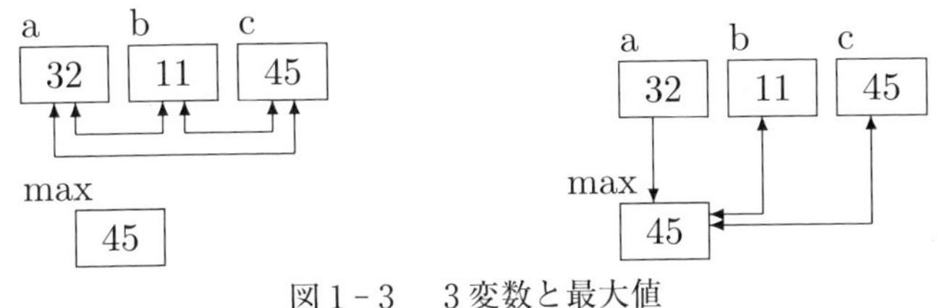

図1-3 3変数と最大値

3変数についての最大値を求める問題は，総当たり式に考えると，相異なる3変数を2つ選んで比べないといけないので，3通りの比較照査を漏れのないようにすることが必要となる。また考え方によっていろいろなプログラムができる。考えてみよう。

さらに，変数を増やすとどうなるだろうか。

- 整数 a,b,c,d が標準入力から与えられるものとする。このうち最大値を max に代入し，標準出力に表示出力せよ。

この問題のように変数が4つあると，問題は複雑となる。総当たり式に考えると，組合せの数が6通りとなる。それらの組合せを入念に考えるのは大変である（図1－4）。

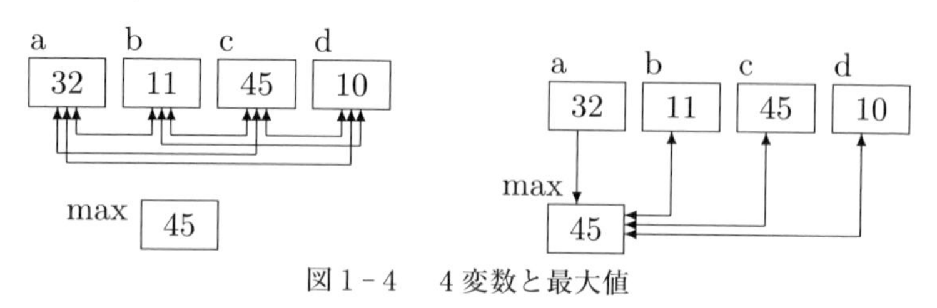

図1－4　4変数と最大値

また4は2の2乗なのでトーナメント方式の考え方が使えそうである。値の大きさで勝ち残った（大きかった）ものをさらに比較をするといったプログラムをつくることもできる（図1－5）。

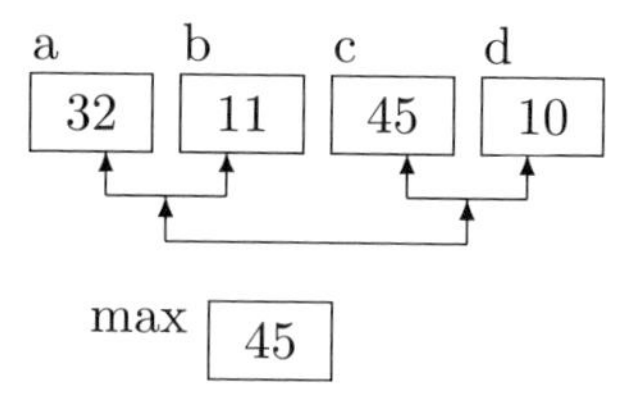

図1－5　4変数トーナメントと最大値

それなりに，楽しいプログラムが出来上がるが，漏れのないように正しく動作するためには結構考える作業に時間がかかってしまうおそれがある。

さらに変数が5つ，6つとなると組合せの数が多くなり，一筋縄ではいかなくなる（図1－6）。

- 整数 `a,b,c,d,e` が標準入力から与えられるものとする。このうち最大値を `max` に代入し，標準出力に表示出力せよ。

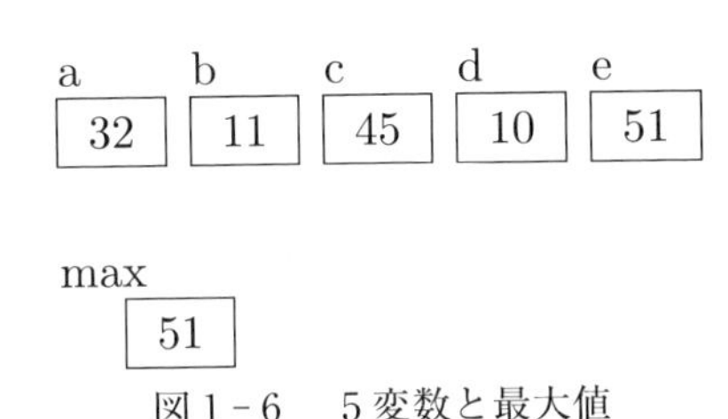

図1－6　5変数と最大値

演習

1．3変数の最大値を求めるプログラムをつくれ。
2．4変数の最大値を求めるプログラムとしてトーナメント方式でつくってみよ。
3．5変数の最大値を求めるプログラムをつくれ。
4．5変数の最大値を求めるプログラムを4変数のトーナメント方式を拡張した形でつくってみよ。

1.6　関数を独立させよう

C言語では，関数をベースにプログラミングを考える。そのため，メインの関数とそこから作業の委託を受けて処理を実行する関数を独立させることが多い。メインの関数から変数の値の引数として渡し，それを受けて実際の処理を実施する。さらに，呼び出し元に値を返す場合には，適切な型宣言をしておき，それに沿った値を関数値として返す。呼び出し元に値を返す必要のない関数では void と宣言する。

ここでは，最大公約数を求める処理を例にしてメインの関数と関数 gcd() を分離独立させた例を示す。関数 int gcd(int m,int n)は引数として整数 m,n を受け（ただし m > n > 0），その最大公約数を関数値として返す。

```
/*   gcd2.c */
#include <stdio.h> int gcd(int m,int n){
    int r;
    while(n!=0) {
```

```
        r=m%n;
        m=n; n=r;
    }
    return m;
}
void main(void) {
    int m,n;
    printf("please input integer m,n (m>n>0) = ");
    scanf("%d,%d", &m,&n);
    printf("result is %d ",gcd(m,n));
}
```

平板なプログラムよりは，分かりやすさが増しているのではないだろうか。

演習

1. 素数判定の処理をメイン関数と判定プログラム int primecheck(int n)を分離独立させよ。引数として正の整数を受け，素数ならば 1，そうでなければ 0 を返すものとする。
2. 2 変数の最大値を求める処理，2 変数の最小値を求める処理をメイン関数と独立させて作成せよ。関数のプロトタイプはおのおの，int max(int m,int n)，int min(int m,int n)とする。

1.7　変数の交換と変数へのポインタ

変数の交換は，変数の値の交換という単純な処理であるが，C 言語がモジュール化を意識した言語であるために，この処理を下請けの関数に委託してすすめようとすると結構面倒なことが起こる。

変数の交換，スワップ

メインの関数の中の変数の値の交換（スワップ）を考えてみよう。

メインの関数 main()の中で実行するのは，いったん待避する変数を考えなければならないことだけ考えればよい。ここでは待避用の変数を wk とする（図 1 - 7 ）。

```
/* swap.c  swap */
#include <stdio.h>
void main(void)
{
    int a=10,b=5,wk;
    printf("a=%d b=%d\n",a,b);
    wk=a; a=b; b=wk;
    printf("after swap: a=%d b=%d\n",a,b);
}
```

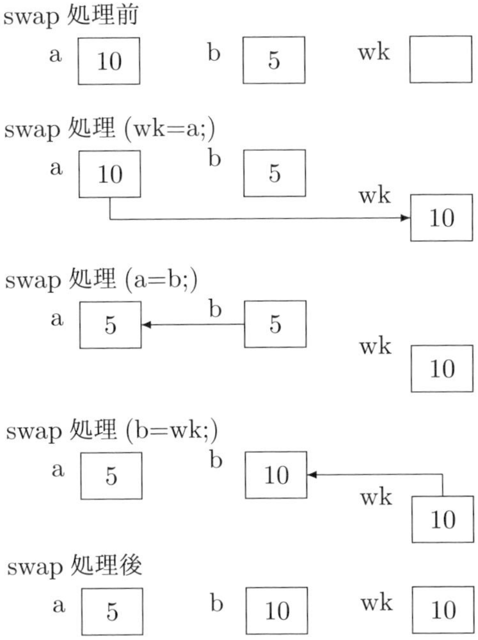

swap 処理前

a 10　b 5　wk

swap 処理 (wk=a;)

a 10　b 5　wk 10

swap 処理 (a=b;)

a 5　b 5　wk 10

swap 処理 (b=wk;)

a 5　b 10　wk 10

swap 処理後

a 5　b 10　wk 10

図 1 - 7　変数の交換（swap）処理

変数の交換，スワップ関数

C言語では，関数をベースにプログラミングを考える。そのため，メインの関数の中の変数の値の交換をメインの関数ではなく，独立した関数 `swapx()`として，その処理を任せるにはどうしたらよいか。考えてみよう（図1－8）。

```
/* swapx.c  swap */
#include <stdio.h>
void swapx(int x,int y)
{
    int wk; wk=x; x=y; y=wk;
}
void main(void) /* test main */
{
    int a=10,b=5;
    printf("a=%d b=%d\n",a,b);
    swapx(a,b);
    printf("a=%d b=%d\n",a,b);
}
```

swapx 処理前

a	b	x	y	wk
10	5	10	5	

swapx 処理後

a	b	x	y	wk
10	5	5	10	10

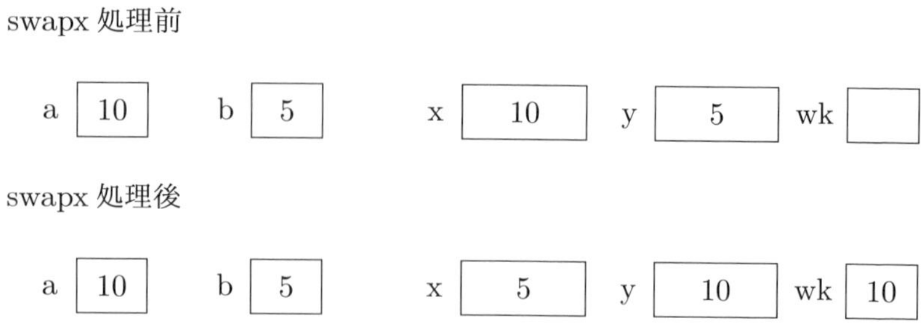

図1－8　変数の交換（swapx）処理

この場合は，そう楽ではないのである。 swapx()の処理内で変数の交換は行われるが，呼び出し元のメイン関数の変数には何も処理は影響しない。そこで，メインの関数がメイン関数内の変数のアドレスを関数 swap2()に知らせ，swap2.c のように，間接的に処理を実行しなければならない。

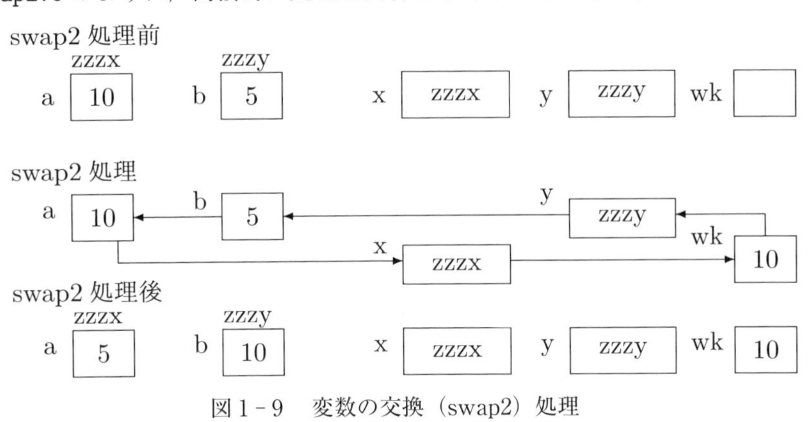

図 1－9　変数の交換（swap2）処理

また関数 swap()にしても，直接交換処理をすることはできず，変数のアドレスから間接的に交換作業をしなければならない。なお図 1－9 の a,b は main()が確保した変数であり， x,y,wk は swap2()が確保した変数である。なお，zzzx,zzzy は変数 a,b のアドレスであるとする。
そこでアドレス演算子とか間接参照演算子が登場する。ポインタによる処理の第一歩である。

```
/* swap2.c swap */
#include <stdio.h>
void swap2(int *x,int *y)
{
int wk; wk=*x; *x=*y; *y=wk;
}
void main(void)
```

```
{
    int a=10,b=5;
    printf("a=%d b=%d\n",a,b);
    swap2(&a,&b);
    printf("after swap: a=%d b=%d\n",a,b);
}
```

演習

1. 呼び出し元から，変数の値を受け取り，その値を交換する関数をつくりたい。次のものは，おのおののデータの受け取りかたに応じて正しく動作する（呼び出し元の値が交換される）かどうか答えよ。コンパイルの際にエラーが出るかもしれない。

```
/* swap4.c swap */
#include <stdio.h>
void swap4(int x,int y)
{
    int *wk; wk=&x; &x=&y; &y=wk;
}
void main(void) /* test main */
{
    int a=10,b=5;
    printf("a=%d b=%d\n",a,b);
    swap4(a,b);
    printf("a=%d b=%d\n",a,b);
}
```

変数へのポインタ

引数として2つの変数が与えられ，その変数の四則演算を実行し，その結果をおのおのポインタ変数に返す関数 void calc()を考えてみよう。変数へのポインタの例である。

```
/* calc.c */
#include <stdio.h>
void calc(int *wa,int *sa,int *seki,int *sho,int x,int y)
{
    *wa=x+y; *sa=x-y; *seki=x*y;*sho=x/y;
}
void main(void)
{
    int a=10,b=5,p,q,r,s;
    printf("a=%d b=%d\n",a,b);
    calc(&p,&q,&r,&s,a,b);
    printf("和=%d,差=%d,=%d,=商=%d",p,q,r,s);
}
```

演習

1. 2つの変数 m,n の最大値，最小値を1つの関数としてまとめて求め，おのおののポインタ変数で与える *max,*min に返すプログラムを作成せよ。関数のプロトタイプは次の通りとする。

   void maxmin(int *max,int *min,int m,int n)

2. 2つの整数 m,n，（ただし m > n > 0 とする）最大公約数，最小公倍数を1つの関数としてまとめて求め，おのおののポインタ変数で与える *gcd,*lcm に返すプログラムを作成せよ。関数のプロトタイプは次の通りとする。

   void gcdlcm(int *gcd,int *lcm,int m,int n)

2章　配列データの処理

配列データの処理を考えてみよう。配列のデータの中での最大値や最小値をを求めるプログラムをはじめ，配列で与えられるデータのヒストグラム（度数分布表，頻度分布表）をつくったり，データ処理を行うアルゴリズムを考えてみよう。

x[0]	x[1]	x[2]	x[3]	x[4]	x[5]	x[6]	x[7]	x[8]	x[9]
32	11	45	10	51	97	23	65	58	7

図２－１　配列

2.1　配列データの最大値，最小値を求める

前章で見てきたように，変数の中の最大値を求めるアルゴリズムには，バリエーションが数多くあるが，それが配列の中の最大値を求めるという問題になると，ほとんどバリエーションがなくなってしまう。

与えられた配列の中からその最大値を見つけ出すプログラムを考えてみよう。

- `n` 個の整数データの配列 `x[ ]`がある。このうち最大値を `max` に代入し，標準出力に表示出力せよ。

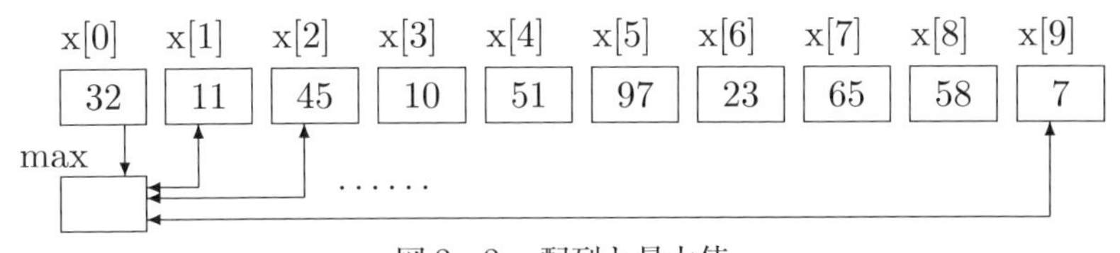

図２－２　配列と最大値

この問題のプログラム例を示す。この例から分かるように，前の章での `max-c.c` だけが生き残る考え方である。そのことを味わってプログラムをつくってみよう。

```
/* max-array.c */
#include <stdio.h>
void main(void)
{
    int i,max;
    int x[]={32,11,45,10,51,97,23,65,58,7},n=10;
    for(i=0;i<n;i++) {
        printf("%d ",x[i]); if(i%10==9) printf("\n");
    }
    printf("\n");
    max=x[0];
    for(i=1;i<n;i++) if(x[i]>max) max=x[i];
    printf("max=%d\n",max);
}
```

演習

1. 例題のプログラムの動作を確認せよ。さらに例題を参考に，n 個の整数データの配列 x[ ]がある。このうち最小値を min に求め，標準出力に表示出力せよ。

配列の中の最大値，最小値を求める関数

C 言語がモジュール化を意識した言語であるために，配列データの表示や最大値を求める処理を下請けの関数に委託してつくってみよう。

```
/* max-array2.c */
#include <stdio.h>
void disp(int n,int x[])
{
    int i;
    for(i=0;i<n;i++) {
```

```
        printf("%d ",x[i]); if(i%10==9) printf("\n");
    }
    printf("\n");
}
int maxv(int n,int x[])
{
    int i,max;
    max=x[0];
    for(i=1;i<n;i++) if(x[i]>max) max=x[i];
    return max;
}
void main(void)
{
    int x[]={32,11,45,10,51,97,23,65,58,7},n=10;
    disp(n,x); printf("max=%d\n",maxv(n,x));
}
```

演習

1. 例題のプログラムの動作を確認せよ。さらに，n 個の整数データの配列 x[ ]がある。このうち最小値を求める関数 int minv(int n,int x[])をつくり，標準出力に表示出力せよ。
2. n 個の配列 x[ ]の最大値，最小値を 1 つの関数としてまとめて求め，おのおのポインタ変数で与える *max,*min に返すプログラムを作成せよ。関数のプロトタイプは次の通りとする。

   ```
   void maxmin(int *max,int *min,int n,int x[ ])
   ```

2.2 配列データのヒストグラムをつくる

ここでは，データは 0 点から 49 点までの整数データの配列を取り扱う。それを 10 点ごとにヒストグラム（度数分布表，頻度分布表）をとったものが histogram()である。プログラム例を以下に示す。

```
/* array-histo.c */
#include <stdio.h>
#define N 5
void disp(int n,int x[]){省略 }
void histogram(int n,int x[])
{
    int i,j,f[N];
    for(i=0;i<N;i++) f[i]=0;
    for(i=0;i<n;i++) f[x[i]/10]++;
    for(i=0;i<N;i++) {
        printf("\n %3d-%3d : ",10*i,10*(i+1));
        for(j=0;j<f[i];j++) printf("*");
    }
}
void main(void) {
    int x[]={32,11,45,10,23,7,15,27,29,4},n=10;
    disp(n,x); histogram(n,x);
}
```

このプログラムを実行すると次のようなヒストグラムを得る。ここでは，＊印 1 つが頻度 1 を表す。

```
  0-10 **
 10-20 ***
 20-30 ***
 30-40 *
```

```
40-50 *
```

演習

1. 例題のプログラムの動作を確認せよ。また，次の配列で与えられる 0 点から 99 点までの成績データを読み込んでその値により，秀（90 点以上），優（80 点以上 90 点未満），良（70 点以上 80 点未満），可（60 点以上 70 点未満），不可（60 点未満）のデータ件数を数えヒストグラムをつくれ。

```
int x[]={32,11,45,10,23,7,15,97,77,64,67,79,88},n=13;
```

2. 前問の配列で与えられる成績データを読み込んでその値により，合格（60 点以上），不合格（60 点未満）のデータ件数を数えヒストグラムをつくれ。

2.3 配列データの総和，平均，標準偏差を求める

配列データの総和，平均，標準偏差といった基本的な統計量を求めてみよう。配列データの総和を求める関数 int sumv()をつくってみよう（図 2 - 3 ）。

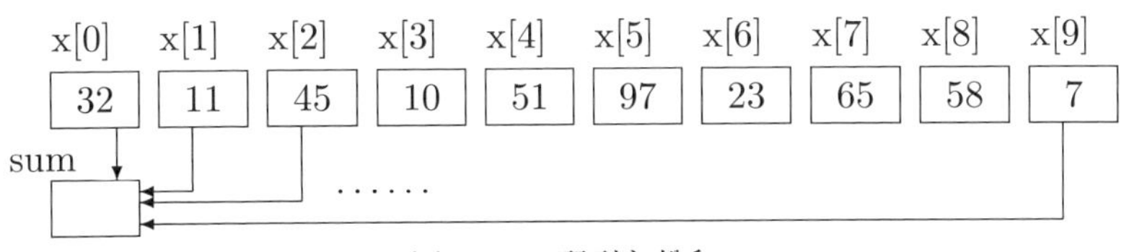

図 2 - 3 配列と総和

関数 int sumv()では，変数 sum に総和を格納する。配列の要素を 1 つずつ変数 sum に加えていく。関数本体のみを以下に示す。

```
int sumv(int n,int x[])
{
    int i,sum;
    sum=0;
    for(i=0;i<n;i++) sum+=x[i];
    return sum;
```

```
}
```

次に，配列データの平均，標準偏差を求めてみよう。

ここで，各学生の成績を x_i，全学生 N 人のその科目の平均，標準偏差をそれぞれ μ，σ とする。平均 μ および標準偏差 σ は，次の式で与えられる。

$$\mu=\frac{\sum_{i=1}^{N} x_i}{N}$$

$$\sigma=\sqrt{\frac{\sum_{i=1}^{N}(x_i-\mu)^2}{N}}$$

なお，この式は次の式と等価である。

$$\sigma=\sqrt{\frac{\sum_{i=1}^{N} x_i^2}{N}-\mu^2}$$

プログラム例は，後者の式を利用して計算している。

繰り返しの基本形は総和を求めるところである。特に平均を求めるのは総和とまったく同じ手続きであり，最後にデータの件数で割るところだけが異なる。ただし，ここではデータの件数はゼロではないとする。平均値が整数には留まらないため，sum を double で宣言している。標準偏差においては配列の値の二乗和を必要とするので，繰返しの中で総和と二乗和の両方を求めている。

いずれも関数本体のみを示す。

```
#include <math.h>
double average(int n,int x[])
{
    int i;
    double sum;
    sum=0;
    for(i=0;i<n;i++) sum+=x[i];
    return sum/n;
```

```
}
double stdevp(int n,int x[])
{
    int i;
    double sum,xsum;
    sum=0; xsum=0;
    for(i=0;i<n;i++) {
       sum+=x[i];
       xsum+=x[i]*x[i];
    }
    return sqrt(xsum/n-(sum/n)*(sum/n));
}
```

演習

1. ここに示した例題のプログラムの動作を確認せよ。参考用として，メイン関数のみを以下に示す。

```
/*  array-statis.c  */
#include <stdio.h>
void main(void) {
    int x[]={32,11,45,10,51,97,23,65,58,7},n=10;
    disp(n,x);
    printf("総和=%d  平均=%6.3f,標準偏差=%6.3f\n",
        sumv(n,x),average(n,x),stdevp(n,x));
}
```

2. 標準偏差の2つの式が等価であることを証明せよ。
3. 配列で与えられるデータから，その平均および標準偏差を求める処理を1つの関数として作成し，おのおの変数へのポインタで与える *av，*stdv に返すプログラムを作成せよ。関数のプロトタイプは次の通りとする。

```
void avstdv(double *av,double *stdv,int n,int x[])
```

2.4　配列のデータ更新

配列のデータの更新に関する次の問題について考えてみよう。

配列で与えられるデータのうち，指定された位置 np のものを指定された値 p に変更（更新）するプログラム replace(int n,int x[],int np,int p)を考える（図2-4）。

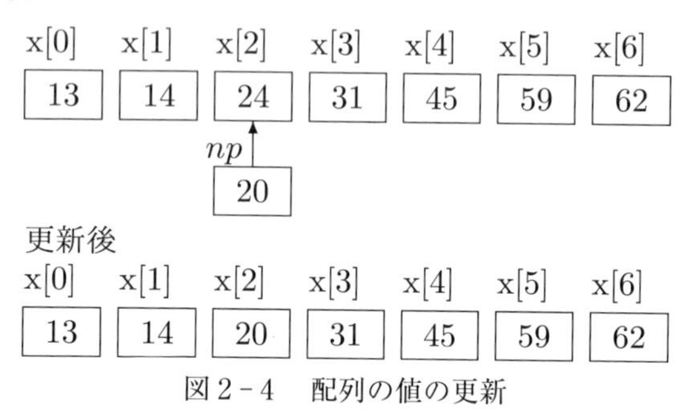

図2-4　配列の値の更新

このプログラム例を以下に示す。

```
/* array-replace.c */
#include <stdio.h>
void disp(int n,int x[]){ 省略 }
void replace(int n, int x[], int np, int p)
{
    x[np]=p;
}
void main(void)
{
    int x[10]={13,14,24,31,45,59,62},n=7;
    int p=20;
```

```
    disp(n,x); replace(n,x,2,p); disp(n,x);
}
```

2.5 配列の値の交換，スワップ

前に変数のスワップを考えたが，ここでは配列の値の交換の問題をとりあげる。改めて次の問題を考えてみよう。

呼び出し元から，単精度整数型配列名 x とその要素番号 i,j を受け取り，配列の各要素 x[i] と x[j] の値を交換する関数をつくりたい。次のプログラムは，おのおののデータの受け取りかたに応じて正しく動作するかを確認してみよう（図 2 - 5 ）。

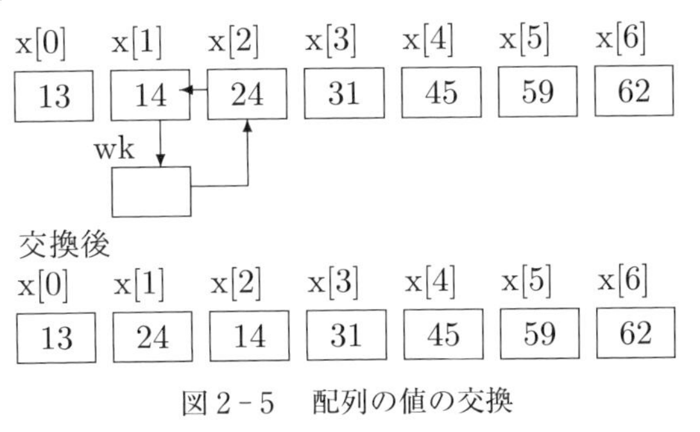

図 2 - 5　配列の値の交換

```
/* array-swap.c swap */
#include <stdio.h>
void arrayswap(int x[],int i,int j)
{
    int  wk;
    wk=x[i];  x[i]=x[j];  x[j]=wk;
}
void arrayswap2(int *x,int i,int j)
```

```
{
    int wk;
    wk=*(x+i); *(x+i)=*(x+j); *(x+j)=wk;
}
void main(void) /* test main */
{
    int x[5]={1,3,5,7,9};
    printf("%d-%d\n",x[1],x[2]); arrayswap(x,1,2);
    printf("%d-%d\n",x[1],x[2]); arrayswap2(x,1,2);
    printf("%d-%d\n",x[1],x[2]);
}
```

演習

1. 例題のプログラムの動作を確認せよ。呼び出し元から，直接配列の値を受け取り，値を交換する関数をつくりたい。次のものは，おのおののデータの受け取り方に応じて正しく呼び出し元の値が交換されるかどうか答えよ。

```
/*  array-swap2.c  swap */
#include <stdio.h>
void swap2(int *x,int *y)
{
    int wk;
    wk=*x;  *x=*y;  *y=wk;
}
void swap3(int x,int y)
{
    int wk;
    wk=x;  x=y;  y=wk;
}
```

```
void main(void) /* test main */
{
    int x[5]={1,3,5,7,9};
    printf("%d-%d\n",x[1],x[2]); swap2(&x[1],&x[2]);
    printf("%d-%d\n",x[1],x[2]); swap3(x[1],x[2]);
    printf("%d-%d\n",x[1],x[2]);
}
```

2.6 配列の値の移動

配列の値の移動として，配列の値を順に1つずつ前に（配列の先頭に向けて）移動（シフト）するプログラムを考えてみよう。

なお，シフトしてあふれ出た要素は配列の最後尾に格納するものとする。

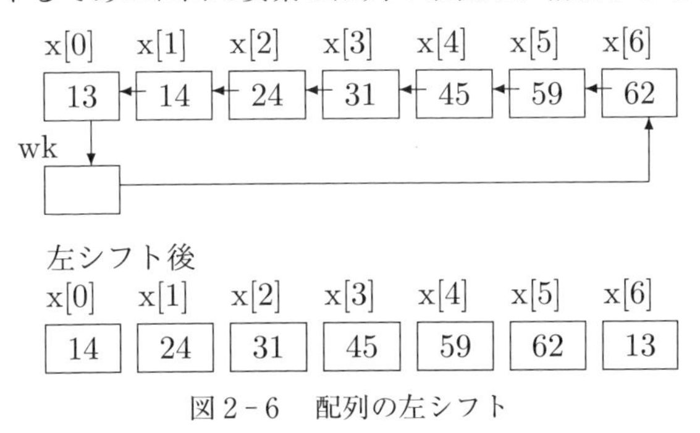

図2-6 配列の左シフト

次のような関数本体が考えられる。

```
void shiftleft (int n,int  x[])
{
    int wk;
    wk=x[0];
    for(i=1;i<n;i++) x[i-1]=x[i];
```

```
    x[n-1]=wk;
}
```

この動作を確認するプログラム（メイン関数を示す）の全体を示す。

```
/* array-shift.c */
void main(void)
{
    int x[7]={13,14,24,31,45,59,62},n=7;
    disp(n,x); shiftleft(n,x); disp(n,x);
}
```

演習

1. 例題のプログラムの動作を確認せよ。例題を参考に，例題とは逆に配列の値を順に1つずつ後に（配列の最後尾に向けて）移動する関数 `void shiftright(int n,int x[])`を考えてみよう。シフトしてあふれ出た要素は，配列の先頭に格納すること（図2-7）。

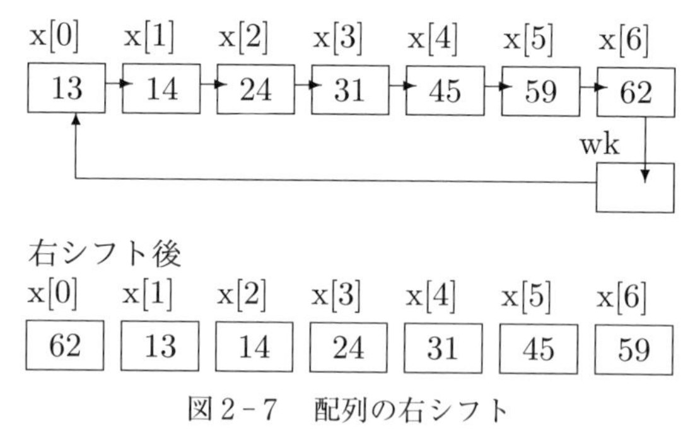

図2-7 配列の右シフト

2.7 配列のデータ削除，挿入

配列のデータの削除，配列のデータへの挿入に関する次の問題について考えてみよう。

まず，配列で与えられるデータのうち，指定された位置 np の要素を削除するプログラムをつくろう。関数のプロトタイプは delete(int n,int x[],int np)とする。

配列の要素の削除は，要素を削除した後の配列の後始末が必要となる。削除された配列データの空きをそのままにせず，順に前に詰める。その際に，配列の要素の移動に対して，処理の順序に注意が必要である（図 2 - 8 ）。

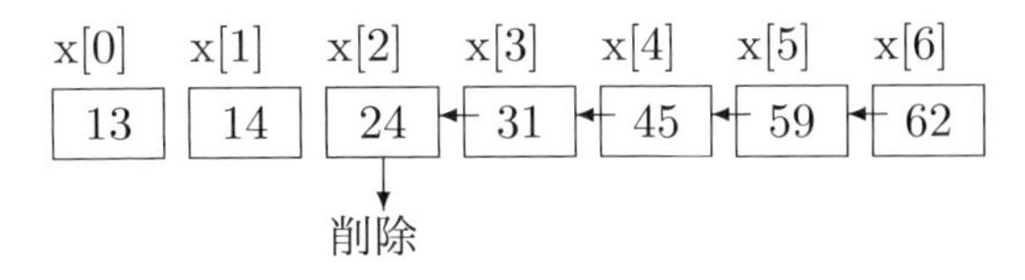

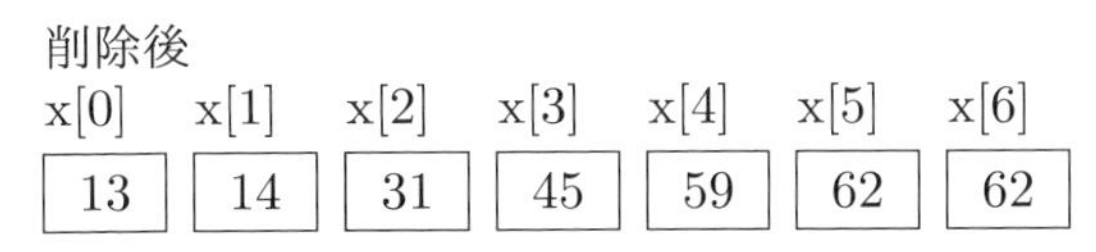

図 2 - 8　配列の要素の削除

プログラム例を以下に示す（関数本体のみ）。

```
void delete(int n, int x[], int np)
{
    int i;
    for(i=np;i<n-1;i++) x[i]=x[i+1];
}
```

次に，配列で与えられるデータの中に，指定された値 q を指定された位置 nq の後に挿入するプログラム insert(int n,int x[],int nq,int q)をつくろう。なお配列の要素数は十分確保されているものとする。

配列に新たな値を挿入する場合にはその受け入れ準備が必要となる。すでに入っている配列データの値はすべて保存することが前提であり，値を挿入するために，あらかじめ場所を確保する必要がある。そのためには配列の最後尾から順に場所を空けるための処理を行う。その処理の順序に注意が必要となる。

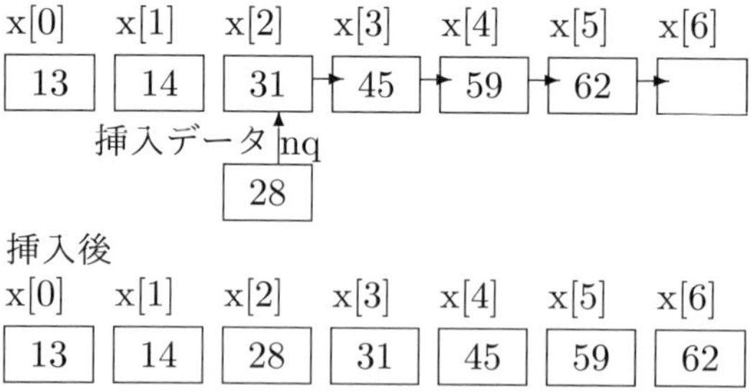

x[0]	x[1]	x[2]	x[3]	x[4]	x[5]	x[6]
13	14	31	45	59	62	

挿入データ nq

28

挿入後

x[0]	x[1]	x[2]	x[3]	x[4]	x[5]	x[6]
13	14	28	31	45	59	62

図2-9 配列への挿入

図2-9を実現するプログラム例を以下に示す（関数本体のみ）。

```
void insert(int n, int x[], int nq, int q)
{
    int i;
    for(i=n-1;i>=nq;i--) x[i+1]=x[i];
        x[nq]=q;
}
```

配列のデータの削除と挿入の処理を行うプログラム例を以下に示す。個別の関数はすでに示したため，以下はメイン関数のみを示す。

```
/* array-process.c */
void main(void)
{
    int x[10]={13,14,24,31,45,59,62},n=7;
    int q=28;
    disp(n,x); delete(n,x,2); disp(n-1,x);
    insert(n-1,x,2,q); disp(n,x);
}
```

演習

1. 例題のプログラムの動作を確認せよ。配列データのうち，指定された位置 j から k までの要素（k の要素を含む）を削除するプログラムをつくれ。

ただし 0 <=j <=k < n であるとする。関数のプロトタイプは次のとおりとする。

```
void deletejk(int n,int x[],int j,int k)
```

削除されたデータの空きをそのままにせず，順に前に詰めるものとする。

2. 配列の値を逆順にするプログラムを考えてみよう。関数のプロトタイプは void reverse(int n,int x[])とする。まず，もとの配列と同じサイズの作業用配列を用意する。全ての要素を作業用配列にコピーし，その後，順序を逆にしてもとの配列に書き戻す方法がある。その際の問題点を指摘せよ。
3. 次に配列の値を逆順にするプログラムにおいて，作業用の配列を用意しない方法を考えてみよう。そのためには，まず配列の先頭と最後尾とを交換し，次に 2 番目と最後尾から 2 番目とを交換していく。これを順次繰り返し配列の真ん中まで処理を進めればよい。
4. 配列データのうち，指定された位置 j から k までの要素（k の要素を含む。ただし 0 <=j <=k < n）を配列の先頭から k-j までの要素と差し替えるプログラムをつくれ。トランプのカードの山をシャフルするような処理である。

```
void shufflejk(int n,int x[],int j,int k)
```

2.8　配列データの併合と分割

複数の配列データを 1 つの配列にまとめる併合（マージ）を考えてみよう。

マージとは，整列した複数のデータの列を，整列されたまま，1 つの新たなデータの列にすることをいう。併合ともいう。データの列は必ずしも配列でなくてもよいが，ここでは配列を考える。

例えば，配列 x[] と配列 y[] に昇順に整列された数値が入った配列を用意する。これを併合して整列された状態で配列 z[] に格納するには，次のようにすればよい（図 2 -10）。

併合された配列を分割する処理は，この例を参考にして考えてみよ（演習）。

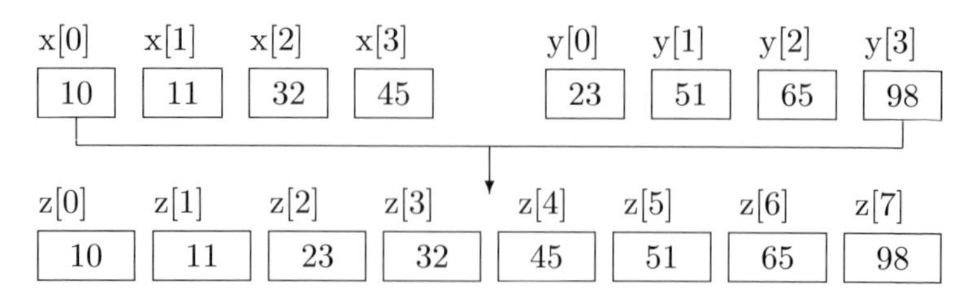

図2-10　配列の併合（マージ）

```
/* merge.c   data merge */
#include <stdio.h>
void disp(int n,int x[]){ }
void main(void) {
    int x[4]={10,11,32,45},y[4]={23,51,65,98},z[8];
    int i,j,k;
    disp(4,x); disp(4,y);
    i=j=k=0;
    do {
        if(x[i]<=y[j]) z[k]=x[i++]; else z[k]=y[j++];
        k++;
    } while(i<4&&j<4);
    while(i<4) z[k++]=x[i++];
    while(j<4) z[k++]=y[j++];
    disp(8,z);
}
```

演習

1. 配列データ z[ ]がある。この配列を偶数だけの配列 ze[ ]と奇数だけの配列 zo[ ]に振り分けるプログラム（配列データの分割）をつくれ。配列の大きさはいずれも z[ ]の大きさに合わせるものとする（図2-11）。

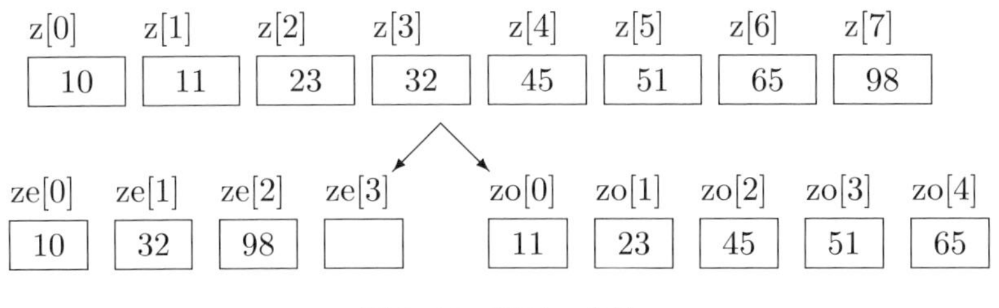

図 2 -11　配列の分割

2.9　素数列を求めるアルゴリズム

第 1 章第 4 節で，素数判定のアルゴリズムを紹介したが，今回は 2 からある正の整数 MAX までの整数のうち素数だけを列挙することを考える。これを配列を用いて処理を行う。

整数 MAX まで配列 prime[] を用意する。値 1 を全部の配列にセットしておく。素数であればそのまま残し，素数でないものを配列から消す（要素に 0 を代入する，配列要素の移動はしない）という方法で，しらみつぶしに素数でないものを消していく。これは，エラトステネスのふるいとして有名なものである。

MAX までを取り扱うので配列の要素数は MAX + 1 必要となる。まず，最初は全配列をすべて素数として 1 をセットしておく。なお，要素 0 ，1 は素数といわないので 0 を代入する。

そしてふるい落としの作業に入る。2 以降の素数の倍数をふるい落としていくことを考える。2 はふるい落とさず，その倍数を順にふるい落とす。3 はふるい落とさず，その倍数を順にふるい落とす。4 はすでに素数でないと判定されているので処理は行わない。5 はふるい落とさず，その倍数を順にふるい落とす。6 はすでに素数でないと判定されているので処理は行わない。以降 7, 8, 9, 10,…といった数についてそれまでに素数と判定されていないものを除き，その倍数を整数 MAX まで繰り返しふるいにかける（図 2 -12）。

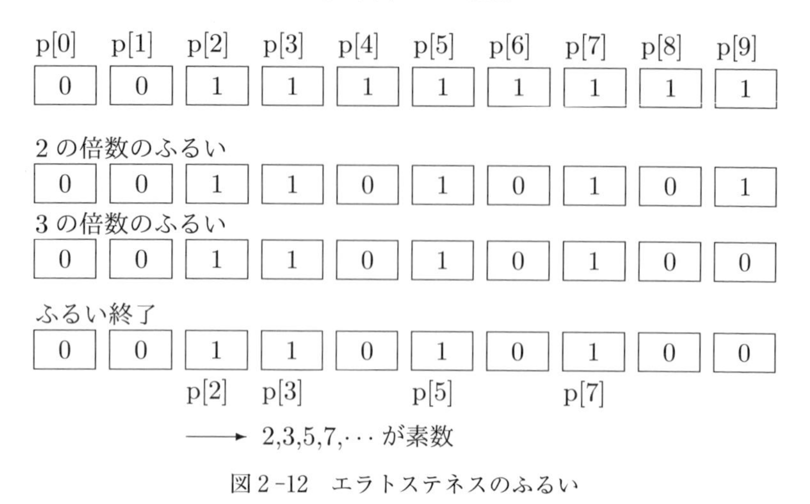

図2-12 エラトステネスのふるい

繰返しを終えれば，配列の各要素`prime[i]`が1であれば要素番号`i`は素数，0であれば`i`は素数ではないとなっている。それらを順に表示すれば素数の列が得られる。

```
/* prime.c */
#include <stdio.h>
#define MAX 100
void main(void)
{
    int prime[MAX+1];
    int i,j;
    for(i=0;i<=MAX;i++) prime[i]=1;
    prime[0]=0; prime[1]=0;
    for(i=2;i<=MAX;i++) {
        if(prime[i]==1) {
            for(j=i*2;j<=MAX;j+=i) prime[j]=0;
```

```
        }
    }
    for(i=2;i<=MAX;i++) {
            if(prime[i]==1) printf("%d ",i);
    }
}
```

演習

1. 例題のプログラムの動作を確認せよ。素数列を求めるアルゴリズムの改良を考えてみよう。例題のプログラムでは整数 MAX まで篩をかけているが，実は$\sqrt{\mathtt{MAX}}$まで調べれば十分である。なぜかを考え，さらにどこをどう変えたらよいかプログラムを改善せよ。

3章　データの並べ替え（古典的なソート）

本章では，データの並べ替え（整列，ソート）を考える。成績データとか住所録データとかは，成績順とか，アイウエオ順とかのある一定の基準に沿ってデータを並べ替える必要が多く出てくる。その手法にも多くの種類があり，アルゴリズムのメインテーマとして取り上げられている。ここではまず古典的な手法として知られるいくつかを紹介する。実用的なものではないが，頭の訓練に最適なものが多い。

ソートに関する用語を簡単に説明する。本来データはソートの基準となるデータとそれに付随するデータとから構成される。ソートの基準となるデータをキーと呼ぶ。学生の成績データとして，学籍番号，学生名，成績を取り上げよう。それを成績順に並べ替えるとすれば，キーは成績となる。学籍番号や学生名は付随するデータとなる。

キーとその付随するデータとを一体化して処理をするのは一般的ではあるが，このテキストでは，そういった処理はプログラムが複雑になるので，ものすごく単純化して，キーだけしかないデータを取り上げる。またそういったデータを１次元配列で取り扱う。成績データといっても単に成績だけからなる配列となる。

次に成績の良い（得点の高い）ものから並べるのか，そうでないのかによっても処理は異なる。得点の低いものから高いものへと並べること，あるいはアイウエオ順であれば「ア」から「ン」の順に並べることを昇順（正順）と呼ぶ。その逆を降順（逆順）と呼ぶ。

3.1　バブルソート

配列のデータの昇順ソートを考える。

図3-1に示すように，バブルソートは配列の隣り合う要素を互いに比較して，その2つの関係で昇順が確保されているかどうかを照査する。そして昇順になっていれば，次の隣同士を照査する。もし昇順になっていなければ互いに交換して昇順になるようにする。これを一通りすませると，与えられたデータの内もっとも高い得点が配列の最後尾に押しやられている。

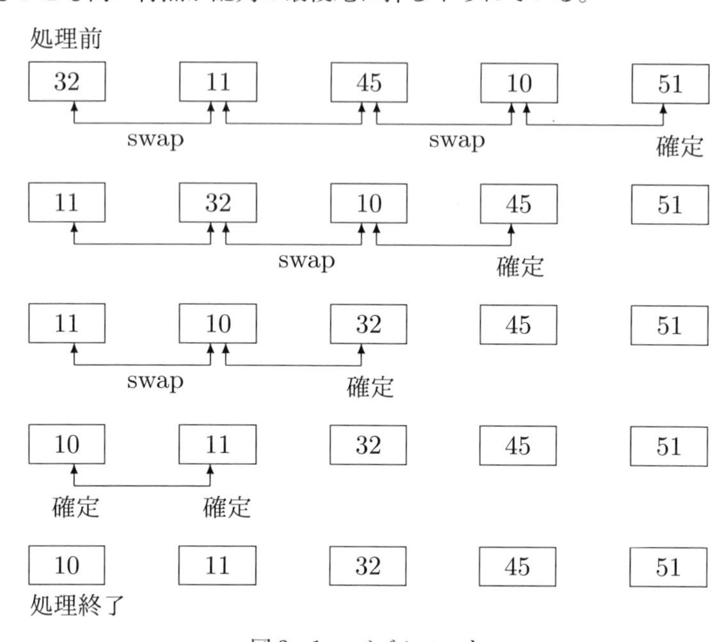

図3-1 バブルソート

その次のステップとしては，その最高点を除いた残りのデータで同じことを繰り返す。これを最後の最後まで繰り返すと並べ替えが終了する。

得点の高いものがじょじょに配列の後に押しやられていくことから，泡（バブル，水泡）が少しずつ移動していく様に似ているという意味でバブルソートと呼んでいる。またの名前を交換法，あるいはそのものズバリの隣接交換法と呼ぶこともある。

```
/*  bubsort.c   */
```

```
#include <stdio.h>
void disp(int n,int x[])
{
    int i;
    for(i=0;i<n;i++) {
        printf("%d ",x[i]); if(i%10==9) printf("\n");
    }
    printf("\n");
}
void swap(int *x,int *y)
{
    int wk;  wk=*x;  *x=*y;  *y=wk;
}
void bubsort(int n,int x[])
{
    int i,k;
    for(k=n-2;k>=0;k--) {
        for(i=0;i<=k;i++) {
            if(x[i]>x[i+1]) swap(&x[i],&x[i+1]);
        }
    }
}
int main(void) {
    int x[]={32,11,45,10,51,97,23,65,58,7},n=10;
    disp(n,x);
    bubsort(n,x);
    disp(n,x);
    return 0;
```

```
}
```

同じ処理を得点の低いものを配列の先頭に引き出していくという考え方で進めたのが次の例である。これもバブルソートである。関数本体のみを示す。

```
void bubsort2(int n,int x[])
{
    int i,j;
    for(j=0;j<=n-2;j++) {
        for(i=n-1;i>j;i--) {
            if(x[i]<x[i-1]) swap(&x[i],&x[i-1]);
        }
    }
}
```

面白い考え方に次のような例がある。配列の照査に当たり，まず得点の高いものを配列の最後尾に押しやり，その帰り道に得点の低いものを配列の先頭に押しやっていくという方法がある。

必ずしも効率的とはいえないが，工夫を凝らしたアルゴリズムである。これにシェーカーソートという名前を付けている人もいる。カクテルを振るシェーカーを振る様に似ていることからの命名である。関数本体のみを示す。

```
void bubsort3(int n,int x[])
{
    int i,j,k;
    for(j=0,k=n-2;j<=k;j++,k--) {
        for(i=j;i<=k;i++) {
            if(x[i]>x[i+1]) swap(&x[i],&x[i+1]);
        }
        for(i=k;i>j;i--) {
```

```
        if(x[i]<x[i-1]) } swap(&x[i],&x[i-1]);
      }
    }
}
```

ここで計算の効率について考える。

バブルソートは第1回目の繰り返しで隣り合う配列データ（データ件数をnとする）の比較照合を$n-1$回行う。最高得点のデータ1件を除いて処理が繰り返されるので，次の繰り返しでは比較照合は$n-2$回となる。そして，比較照合が1となるまで繰り返される。

その結果，バブルソートにおける比較照合回数は$f(n)=(n-1)+(n-2)+\cdots+3+2+1$となる。表現を変えれば$f(n)=\frac{n(n-1)}{2}=\frac{n^2}{2}-\frac{n}{2}$である。計算量の考え方によると，この式そのもので良さそうなものであるが，この式の中でもっとも計算量に与える影響の大きいファクタだけを考える。nが大きくなるにつれて，大きく影響するのは最初の項であるので，2番目の項は無視される。

計算量のオーダーという表現では$O(\frac{n^2}{2})$である。ただこの世界はさらに単純化して考える。係数として2倍とか2分の1とかは考えないで係数を1とする。計算量のオーダーという表現では$O(n^2)$ということになる。バブルソートの計算量は$O(n^2)$である。

演習

1. 3つのバブルソート（昇順）のプログラムをつくり，処理内容を確認せよ。
2. これを，降順に並べ替えるように変更するとしたらどこをどうしたらよいか？
3. また，bubsort()ではすでに整列しているデータに対しても，このプログラムは最後まで繰り返しを実行している。整列していることが判明した時点で，以降の処理を中断するように，プログラムを修正せよ。
4. 例に示したシェーカーソート bubsort3()では，得点の高いものを配列の最後尾に押しやり，その帰り道に得点の低いものを配列の先頭に押しやっていくという方法である。この例では値の交換があってもなくても，1つずつ配列の要素の探索を狭めている。これを改良し，最後に値の交換をした位置を記憶しておき，次の探索においてはその位置から始めればよい（あるいはその位置までで終えればよい)。この意味での処理の効率化を図れ。

3.2　セレクションソート

セレクションソートは別名選択法といい，最大値を選択する場合は最大値選択法，最小値を選択する場合は最小値選択法という。

ここでは，最小値選択法による昇順ソートを考える。

図3-2に示すように，まず配列の全領域を対象として先頭の配列と残りの全配列要素を比較照査する。それによって最小の値を選び出し，先頭に置く。

次にその最小値を除外しておき，2番目のものを対象にして再び最小値を選択する。そして選び出したものを前の最小値の次に置く。これを繰り返すことによって並び替えを実現する方法である。

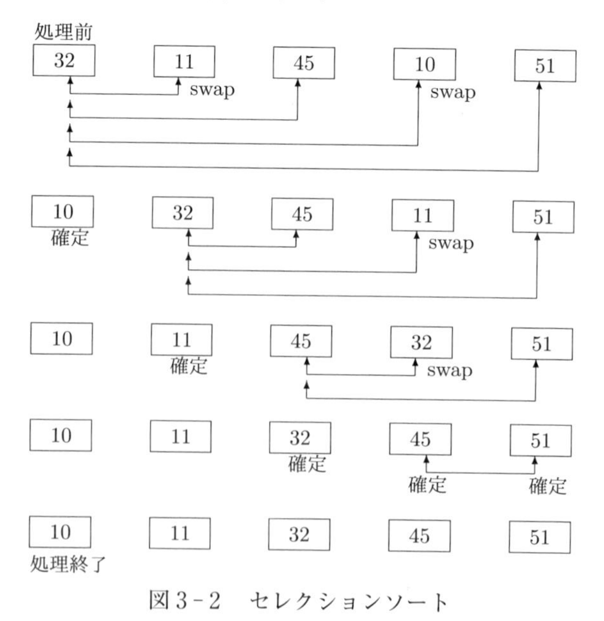

図3-2　セレクションソート

以下にプログラム例（関数本体のみ）を示す。

```
/* selsort.c  selection sort select min */
void selsort(int n,int x[])
{
    int i,j; for(i=0;i<=n-2;i++) {
        for(j=i+1;j<=n-1;j++) {
            if(x[j]<x[i]) swap(&x[j],&x[i]);
        }
    }
}
```

次に，最大値選択法を紹介する。この場合では，最大値を選択し，配列の最後尾に配置する。順に，最後尾から順に配置するところが最小値選択法と異なる。

さらに，このアルゴリズムでは，毎回値をスワップするのではなく，最大値を持つ配列の位置を jmax に記憶しておき，スワップ操作をたかだか 1 回に限定している点に工夫がされている。その点も味わってほしい。

次にプログラム例（関数本体のみ）を示す。

```
/* selsort2.c  selection sort select max */
void selsort2(int n,int x[])
{
    int i,j,jmax;
    for(i=n-1;i>0;i--) {
        jmax=i;
        for(j=0;j<=i-1;j++) if(x[j]>x[jmax]) jmax=j;
        if(i!=jmax) swap(&x[i],&x[jmax]);
    }
}
```

ここで計算の効率について考える。

セレクションソートは第1回目の繰り返しで最小値を探るために配列データ（データ件数を n とする）の比較照合を $n-1$ 回行う。そして最小値のデータ1件を除いて処理が繰り返されるので，次の繰り返しでは比較照合は $n-2$ 回となる。そして，比較照合が1となるまで繰り返される。

その結果，セレクションソートにおける比較照合回数は $f(n)=(n-1)+(n-2)+\cdots+3+2+1$ となる。表現を変えれば $f(n)=\dfrac{n(n-1)}{2}=\dfrac{n^2}{2}-\dfrac{n}{2}$ である。

つまり，計算量のオーダーという表現では $O(n^2)$ ということになる。

演習

1．２つの種類のセレクションソートの動作を確認せよ。
2．セレクションソート（最小値選択法）`selsort()`の例ではループの中で，`x[j]`と`x[i]`の比較を行いそれまでの値より小さければその都度，値を交換（スワップ）している。これを改良して最小値と判明したものだけを対象に交換せよ（スワップ操作をたかだか1回に限定するように工夫する）。
3．ここで示したセレクションソートのプログラムを降順に並べ替えるように変更するとしたらどこをどうしたらよいか？

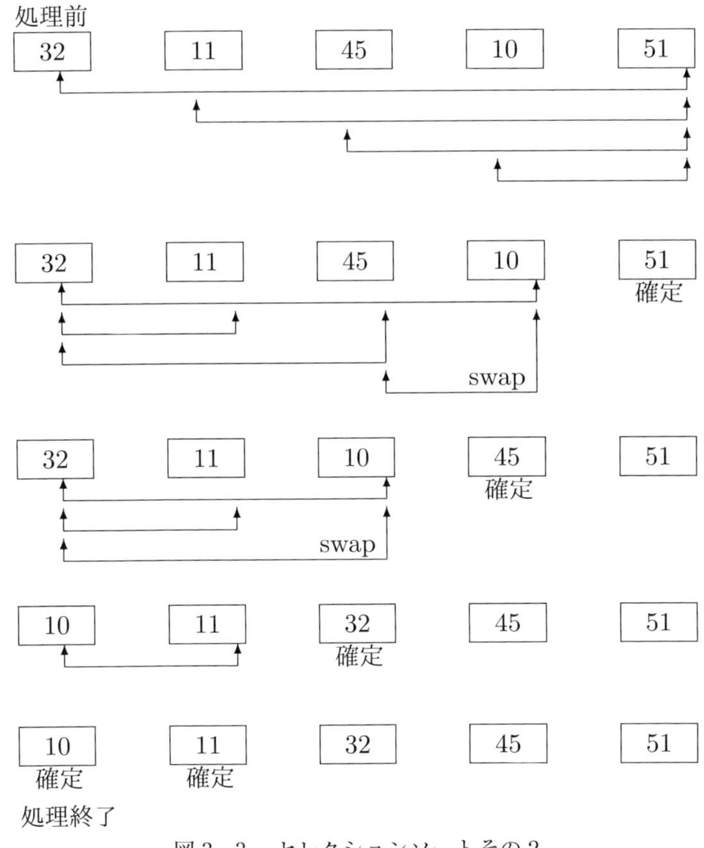

図3-3　セレクションソートその2

3.3　インサートソート

インサートソートとは，最初から配列全体を並べ替えるという発想ではなく，新しいデータをすでにあるデータのどの位置に挿入するのかを考えながらソートを完成させる。挿入法とも呼ばれている。

もう少し詳しく見ていこう。1件目のデータについては何もしなくても良い。2件目のデータについては，それをどこに挿入するかを考える。図3.4に示したように，まずそれを，変数tに保存する。変数tと1件目のデータと比較し，どの位置に置く（挿入）するかを考える。変数tが小さければ，配列データを後にシフトし場所を空ける。変数tが大きければ，配列データの後に付ける。

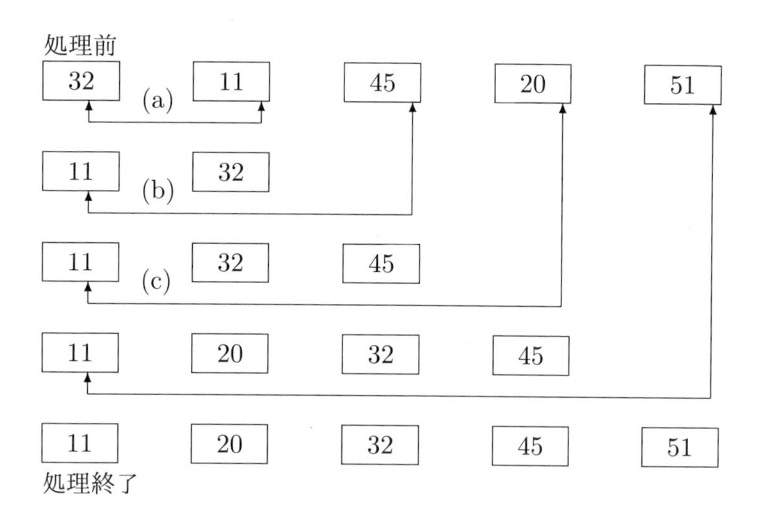

図3-4　インサートソート

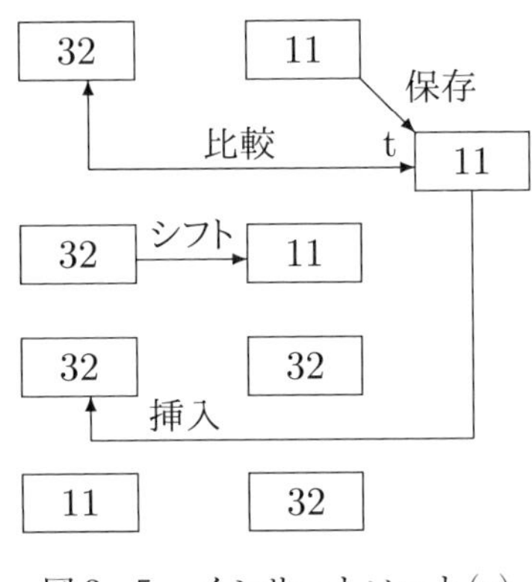

図3-5　インサートソート(a)

3件目のデータを挿入する。図3-6に示すように，3件目のデータを変数 t に保存する。すでにある配列データと比較照合して，配列のどの位置に置くかによって，すでにあるデータの先頭に置くのか，間に挿入するのか，最後尾に置くのかの3つのケースがでてくる。

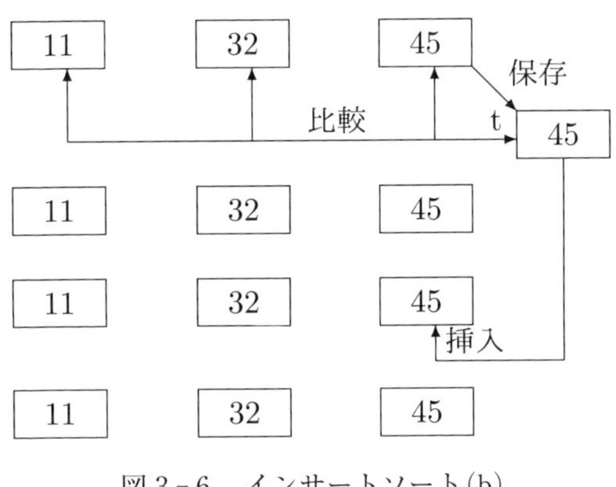

図3-6　インサートソート(b)

このように1件ずつデータを加えていき配列全部を並べ替える。

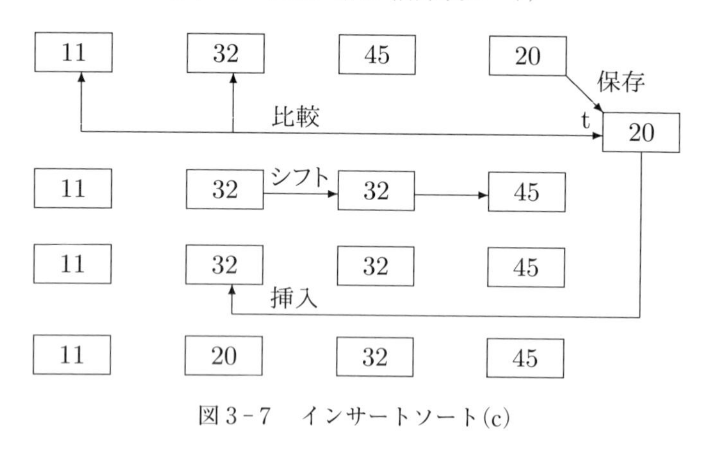

図3-7　インサートソート(c)

プログラム例として関数本体のみを示す。

```
/* inssort.c   insertion sort */
void inssort(int n,int x[])
{
    int i,j,t;
    for(i=1;i<=n-1;i++) {
       t=x[i]; //保存
       for(j=i-1;j>=0&&x[j]>t;j--)
          x[j+1]=x[j]; //比較およびシフト
        x[j+1]=t; //挿入
    }
}
```

ここで計算の効率について考える。

インサートソートでは，１件目のデータでは比較照合をされないで確定するが，２件目のデータから比較照合が行われる。じょじょに１件ずつふえていくが，比較照合して挿入する位置が決まればそれ以降は比較はしないが，新メンバーを迎え入れる場所を空けるために配列のデータの移動は行われる。

配列の最後まで取り上げるまでに最悪の場合がとことん続くと仮定すると，インサートソートにおける比較照合回数は$f(n) = 1 + 2 + 3 + \cdots + (n - 2) + (n - 1)$となる。表現を変えれば$f(n) = \frac{n(n-1)}{2} = \frac{n^2}{2} - \frac{n}{2}$である。

つまり，計算量のオーダーという表現では$O(n^2)$ということになる。

これまでに紹介したソートの技法はいずれも$O(n^2)$ということになる。

演習

1．インサートソートの動作を確認せよ。

2．インサートソートのプログラムを降順に並べ替えるように変更するとしたらどこをどうしたらよいか？

3.4　シェルソート

インサートソートは，１つずつ配列の要素を挿入する形で並べ替えを行っているが，挿入するデータが発生するごとに，それまでに整列されているデータに対して配列要素の移動が余儀なくされる。D.Shellが考案したシェルソートはインサートソートの改良を加えたものとして有名であり，後に紹介するクイックソートが発表されるまではかなり早いアルゴリズムとして知られていた。

一つ一つつぶさに調べる代わりに，とびとびのデータ（部分配列）についてインサートソートを試み，大雑把にソートをしておき，最後にほぼ整列しているところで一つ一つの配列のインサートソートに到達する。配列の要素の大移動が避けられるという見込みが立つ。

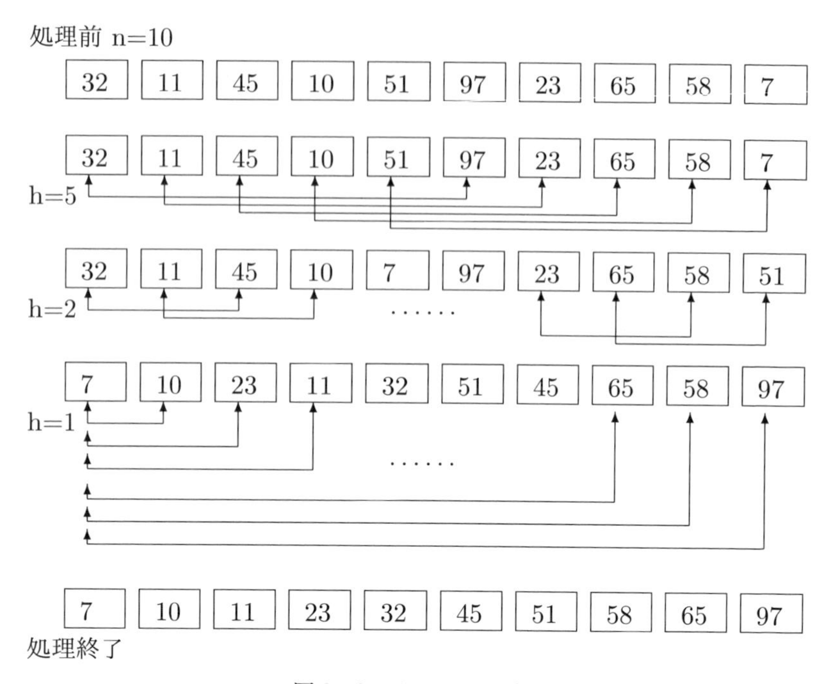

図3-8　シェルソート

ここではとびとびの値 h をまず，全データ件数 n の半分として初期化している。その後半分，さらに半分と割っていく例を示している。h=1 の際には，インサートソートそのものになっている。

```
/* shellsort.c  Shell sort */
void shellsort(int n,int x[])
{
    int i,j,k,t,h;
    for(h=n/2;h>0;h/=2){
      for(k=0;k<h;k++) {
        for(i=k+h;i<=n-1;i+=h) {
```

```
            t=x[i];
            for(j=i-h;j>=k&&x[j]>t;j-=h) x[j+h]=x[j];
            x[j+h]=t;
          }
        }
      }
}
```

なお，とびとびの値 h の選び方として，この例で示した半分半分にしていくものは効率的によくないとされており，n をこえない数で…,1093,364,121,40,13,4,1 が良いとされている。この数は順序を逆にみると，もとの整数に 3 倍して 1 を加える操作によって得られる数値である。

演習

1. シェルソートの動作を確認せよ。
2. シェルソートのプログラムを降順に並べ替えるように変更するとしたらどこをどうしたらよいか？
3. シェルソートにおけるとびとびの値 h としては 1 からスタートしてそれを 3 倍して 1 を加える操作によって得られる数値を，n まで繰り返し求める(ただし，n を超えない)。その求めた値 h を初期値とすることが良いとされている。n から得られるもっとも大きい h を求め，それを初期値としてシェルソートのプログラムを作り直せ。なお，その後の部分配列のインサートソートにおける h の繰り返しも三分の一にせよ。

ソート処理時間の比較

実際にコンピュータを使ってソートの計算量の比較を行ってみよう。データ件数を変え，データ件数と処理時間計測データをできる限り多くとり，横軸にデータ件数，縦軸に処理時間をとったグラフを作成する。

ソートの時間比較を行うためには，まったく同じデータに基づく必要がある。ここでは，データ件数 m を引数としてを受け取り，その数だけ乱数を発生させ 1 つのファイルに格納する。なお，乱数については後ほど詳しく述べる。

gendata(int m)がその機能を果たす。ここで input.dat というファイルに格納される。

```
void gendata(int m)
{
    int i;
    FILE *fp;
    fp=fopen("input.dat","w");
    if(fp==NULL) return;
    srand(time(NULL));
    for(i=0;i<m;i++) fprintf(fp,"%d ",rand()%1000);
    fclose(fp);
}
```

ファイルを読み込み配列データに格納するのが int readfile(int x[])である。input.dat という名前のファイルからデータを呼び出し，x[]という配列に配置する。またデータ件数がこの関数の値となる。

```
int readfile(int x[])
{
    int n;
    FILE *fp;
    fp=fopen("input.dat","r");
    if(fp==NULL) return 0;
    for(n=0;fscanf(fp,"%d",&x[n])!=EOF;n++);
    fclose(fp);
    return n;
}
```

ファイルには常にソート前のデータが格納されているので毎回そこから配列

にデータを配置するために，まったく同じ条件でソートの処理時間計測が可能となる。

時間計測には，プログラムが起動されてから経過したCPUクロック数を利用する。ソートの処理前のクロック数と処理後のクロック数を測って，その差を単位時間あたりのクロック数で割れば処理時間（秒）が計測できる。厳密な時間を測定することはかなわないが，大まかな計測には役に立つ。メイン関数のみを示しておく。

```
/*  checksorttime.c */
#include <stdio.h>
#include <time.h>
#include <stdlib.h>
void gendata(int m){省略 }
int readfile(int x[]){省略 }
void disp(int n,int x[]){省略 }
void swap(int *x,int *y){省略 }
void bubsort(int n,int x[]){省略 }
void main(void) {
    int x[50000],m,n;
    clock_t t1,t2;
    for(m=10000;m<=50000;m+=10000) {
      gendata(m);
      n=readfile(x);
      printf("data count =%2d\n",n);
      t1=clock(); bubsort(n,x); t2=clock();
      printf("bubble sort cpu time=%lf\n",
        (double)(t2-t1)/CLOCKS_PER_SEC);
    }
```

```
}
```

演習

1. バブルソート，セレクションソート，インサートソートについて，同じデータに基づきソートを行い，処理時間を計測してみよう。
2. インサートソートとシェルソートについて，同じデータに基づきソートを行い，処理時間を計測してみよう。

4章　再帰と再帰的なプログラム

本章では再帰的な考え方と再帰的なプログラムについて学ぶ。

4.1　再帰の考え方

C 言語は関数型言語と呼ばれ，関数を定義することでその処理の内容を決めていく。再帰的な呼び出し（リカーシブコール）というのは，その関数を定義する際に，自分自身を呼び出すというものである。

自分自身（第 n 次のレベル）を定義する際に，それより次数の低い自分自身と同じ関数（例えば第 n-1 次のレベルとか第 n-2 次のレベル）を呼び出す形で定義する。

これを実行すると，n，n-1，n-2，・・・と繰り返すことにより，次数が最低次数（例えば 1 次あるいは 0 次）のレベルに至ると再帰呼び出しが終わり停止する（再帰の停止，実はきちんと再帰の停止の条件を明示しておかないと，無限に再帰呼び出しを繰り返してしまうので注意が必要である）。

その後はその結果を集約してもともとの結果を求めることになる。

再帰の考え方は必ずしも処理の効率がよくなるという訳ではないが，アルゴリズムの世界では大変重要な考え方である。

再帰的なプログラム

次の式で示される s を求める問題を例にとる。ここでは素直に和を求めるものとする。

$$s=\sum_{i=1}^{n} i=1+2+\cdots+n$$

```
/* sums.c  */
#include <stdio.h>
int sum(int n)
```

```
{
    int i,sums;
    sums=0;
    for(i=1;i<=n;i++) sums+=i;
    return sums;
}
void main(void)
{
    int i,n;
    printf("please key in integer n =");
    scanf("%d",&n);
    printf("sum=%d\n",sum(n));
}
```

この処理を再帰的な考え方を適用するために，n-1 段階まで求めたものに n 段階のものを追加するという考え方をとると

$$s=\sum_{i=1}^{n} i=1+2+\cdots+(n-1)+n=\sum_{i=1}^{n-1} i+n$$

と見なすことができる。このことから，sum()を次のように書きかえることができる。

```
/* sums-b.c  */
int sum(int n)
{
    if(n==0) return 0;
    else return sum(n-1) + n;
}
```

これが再帰の考え方を用いたプログラムである。合計計算をするプログラム

sum()の中で自分自身であるsum()を次数を下げて呼び出している。このような呼び出しを再帰呼び出しと呼んでいる。

再帰のプログラムをつくるときに，重要なのは，これ以上再帰を繰り返さないように，再帰の停止条件をしっかり定義することである。sum()の例ではnが0となったときに再帰が停止される。

再帰的なプログラムは必ずしも処理の効率をあげているものではない。

繰り返しの処理の代わりに自分自身の関数（次数は下げているものの）を呼び出している。その際には処理の途中のデータがスタックヒープ領域に積み上げられる。再帰の停止条件を迎えると，今度は逆にスタックヒープ領域に積み上げたデータを取り出して，呼び出し元に戻っていく。

再帰のプログラムは見かけからは想像できないかもしれないが，結構スタックヒープ領域を消耗することがあるため，次数の大きい処理をするときには注意が必要である。

演習

1. 正の整数nが与えられるものとする。例にならって，再帰の考え方を用いて次の値を求めるプログラムをつくれ。

$$\sum_{i=1}^{n}\frac{1}{i}=1+\frac{1}{2}+\frac{1}{3}+\cdots+\frac{1}{n-1}+\frac{1}{n}=\sum_{i=1}^{n-1}\frac{1}{i}+\frac{1}{n}$$

2. 正の整数nが与えられて，その階乗$n!$を求めるプログラムを例にならって，繰り返しの処理と再帰の考え方を用いた処理をつくれ。なお階乗は次の式で定義される。

$$n!=1*2*\cdots*(n-1)*n=(n-1)!*n$$

ただし再帰の停止条件は慎重に考えること。

4.2　ユークリッドの互除法

正の整数m，nが与えられる。ただし$m>n$とする。m，nの最大公約数を求めるユークリッドの互除法というアルゴリズムがある。mをnで割った余

り $m\%n$ を求める。もし割り切れた（余り $m\%n$ が0であった）場合に，その時の n の値が最大公約数であるというものである。割り切れなかった場合には，もとの m の代わりに n を代入し，かつもとの n の代わりに $m\%n$ を代入し，以降 $m\%n$ が0になるまで繰り返すものである。

これを再帰のプログラムでつくると，次のようになる。

```
/* gcdrc.c  */
#include <stdio.h>
int gcd(int m,int n)
{
    if(n==0) return m;
    else return gcd(n,m%n);
}
void main(void)
{
    int m,n;
    printf("please key in integer m,n (m>n>0) =");
    scanf("%d,%d",&m,&n);
    printf("m=%d,n=%d,gcd=%d\n",m,n,gcd(m,n));
}
```

4.3　組合せの数を求める

再帰の考え方が有効となる，次の問題を考えてみよう。

- あるクラスに n 人の学生がいる。ここから r 人を選び出したい。その組合せの数 ${}_nC_r$ はいくらか。再帰の考え方でこれを求めるプログラムをつくれ。ただし，n も r も非負の整数とする。ただし $r<=n$ である。組合せの数を求める公式として前問の階乗によって定義される公式もあるが，ここでは再

帰の形でプログラムをつくることにしよう。

組合せの数は階乗を用いた次の定義式でも求められる。

$$ {}_nC_r = \frac{n!}{r!(n-r)!} $$

再帰の考え方で組合せの数を求める際には，

$$ {}_nC_r = {}_{n-1}C_r + {}_{n-1}C_{r-1} $$

を用いる。なお再帰の停止条件には，${}_nC_0 = 1$ および ${}_nC_n = 1$ とする。

この再帰的な式の解釈ついて考えてみよう。

n 人の学生から r 人を選び出す組合せ ${}_nC_r$ を求めるために，特定の学生（学生 A としよう）に注目する。組合せの数としては，その特定の学生 A が選ばれるか選ばれないかのいずれかしかない。もし，学生 A が選ばれた場合の残りの組合せの数は，${}_{n-1}C_{r-1}$ となる。一方学生 A が選ばれなかった場合の残りの組合せの数は，${}_{n-1}C_r$ となる。したがって，組合せの数 ${}_nC_r$ はその合計に等しくなるということから再帰の式が生まれる。

再帰の停止条件としての ${}_nC_0 = 1$ および ${}_nC_n = 1$ については，n の学生から n 人（全員）を選び出す組合せは一通りであり，n 人の学生から 0 人（誰も選ばない）を選び出す組合せも一通りであることを利用する。

```
/*  combination.c  */
#include <stdio.h>
int combi(int n,int r)
{
    if(n==r||r==0) return 1;
    else return combi(n-1,r-1)+combi(n-1,r);
}
void main(void)
{
```

```
    int n,r;
    printf("please key in integer n,r =");
    scanf("%d,%d",&n,&r);
    printf("combination n,r = %d\n",combi(n,r));
}
```

演習

1. 1より大きい正の整数nが与えられるものとする。次の式で表現される数列（フィボナッチ数列）を求めるプログラム`int fibonacci(int n)`を再帰の考え方を用いてつくれ。

$$a_n = a_{n-1} + a_{n-2}$$

なお，$a_0 = a_1 = 1$とする。

4.4 ハノイの塔

再帰的なプログラムとして大変有名なハノイの塔のプログラムを紹介しよう。

ハノイの塔とは，中心に棒が刺さった台がA，B，Cの3つある。初期状態としてAの台の上には大きさの異なるディスクがn個置かれている。このディスクは，いつでも大きいものが小さいもの上になることのないように置かれている。

このとき，次のルールに従ってAのディスクをすべてCへ移すことを考える。

- ルール1　1度に1つのディスクしか移動できない。
- ルール2　ディスクは，つねに台の一番上からしか取ることができない。
- ルール3　自分より小さいディスクの上には，大きいディスクは置いてはいけない。

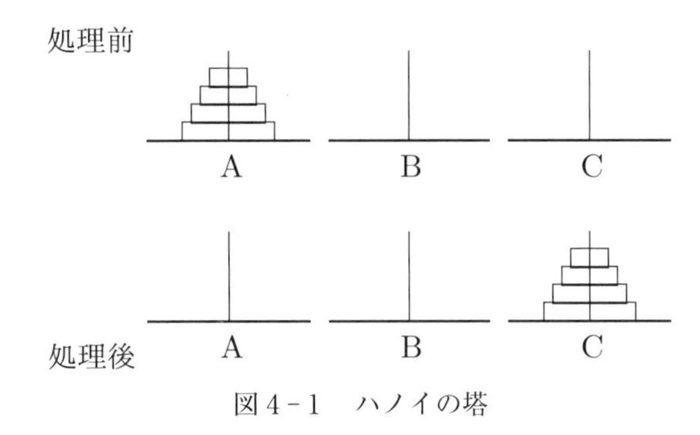

図4-1　ハノイの塔

この問題を解く考え方として，次のように考えてみよう。n 個のディスクをAからCへ移すためには，

1. Aの上から n-1 個のディスクをBへ移動する。
2. Aの一番下のディスク1個をCへ移動する。
3. Bの n-1 個のディスクをCへ移動する。

2と3のあいだでは，Bに置いてある n-1 個のディスクをCに移すことを考えればよい。この時点のBの状態を先のAと考え，Bを先のAと考えてやれば，上記1,2,3の手順がそのまま利用できる。

手続きが再帰的になっていることに気づくであろう。つまりこれらが再帰の一般形になっている。これに再帰の条件つまり，n が0より大きければ，再帰を行うとすればよい。プログラム例を示す。

```
/* hanoi.c　ハノイの塔 */
#include <stdio.h>
void move(int n, char a, char b, char c)
{
    if(n>0) {
      move(n-1, a, c, b);
      printf("ディスク%d : %c -> %c\n", n, a, c);
```

```
        move(n-1, b, a, c);
    }
}
void main(void)
{
    int n;
    printf("ディスクの数は? "); scanf("%d", &n);
    move(n, = A= , = B= , = C= );
}
```

演習

1. ハノイの塔のプログラムをつくり，その動作を確認せよ。
2. 関数の再帰呼び出し（リカーシブコール）について，その考え方，プログラムの特徴等をまとめよ。

5章　データの並べ替え（マージソートとクイックソート）

5.1　マージソート

併合ソートあるいはマージソートは，データの併合（マージ）という概念を用いた整列プログラムである（図5－1）。

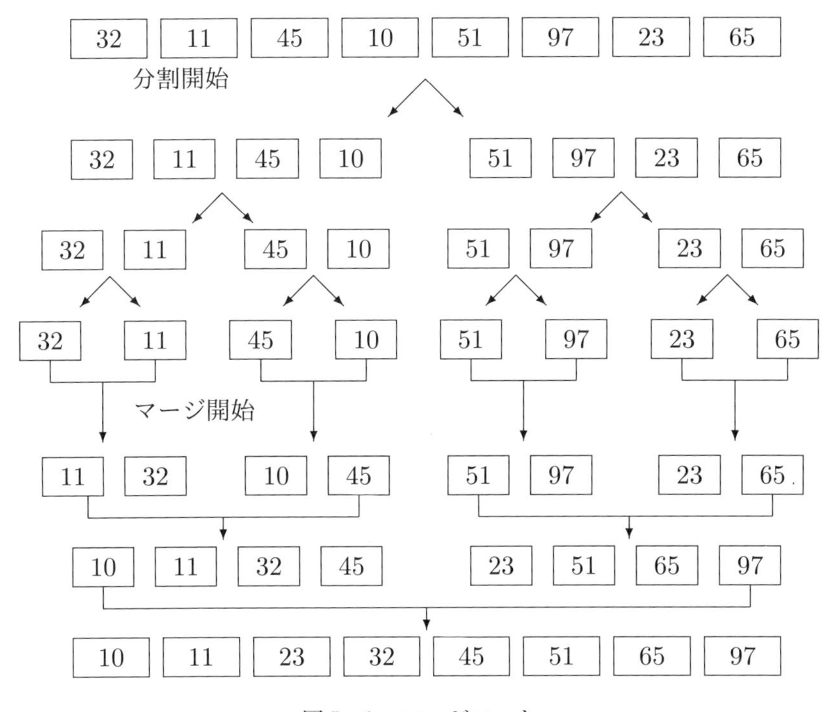

図5－1　マージソート

ここでは，この方法では，再帰を用いた分割統治法を採用している。またデータを昇順に並べ替えるものとする。

プログラムは，大まかに分ければ，

- データをちょうど半分に分割する，
  - ・前半をマージソートによってソートする
  - ・後半をマージソートによってソートする
- ソートされたデータを順に小さい値のものから取り出して出力のデータとする。

再帰呼び出しの考えで素直につくることができる例である。

なおプログラム例では作業用配列 b[100]を用意した。そのためソートできる配列の要素数も，この作業用配列の容量の制約を受けるため適宜必要数だけ確保して，コンパイルし直す必要がある（演習を参照のこと）。

```
/* mergesort.c  merge sort */
#include <stdio.h>
void disp(int n,int x[]){省略 }
int b[100];
void msort(int m,int n,int a[])
{
    int c,i,j,k;
    if(m<n) {
      c=(m+n)/2;
      msort(m,c,a);
      msort(c+1,n,a);
      for(i=c+1;i>m;i--) b[i-1]=a[i-1];
      for(j=c;j<n;j++) b[n+c-j]=a[j+1];
      for(k=m;k<=n;k++)
        a[k]=(b[i]<b[j])? b[i++]: b[j--];
    }
}
void main(void) {
```

```
    int x[]={32,11,45,10,51,97,23,65,58,7},n=10;
    disp(n,x);
    msort(0,n-1,x);
    disp(n,x);
}
```

演習

1. マージソートのプログラムの動作確認をせよ。
2. マージソートのプログラムで降順に並べ替えるように変更するとしたらどこをどうしたらよいか？
3. マージソートのプログラムの計算量が$O(n \log n)$であることを証明せよ。
4. マージソートに関して次の空欄を埋め正しい文章とせよ。

   マージソートにおいては，マージした結果の列を置く場所が必要となる。その大きさは，もともとのデータの件数と比べて（　　イ　　）大きさの作業領域が必要である。このことが，マージソートを内部ソートとして使用されない理由である。

   マージソートの計算量は，最悪の場合でも（　　ロ　　）である。

   マージソートの本領は，内部ソートでなく，外部ソートにある。外部ソートは，磁気ディスクや磁気テープ上にあるデータのためのソートで，データへの逐次アクセスが条件である。

5.2 クイックソート

クイックソートはそのものズバリ大変すばやくソートを行う手法で，実用的な意味ではもっとも価値のある方法である。マージソートと同じような分割統治法によるアルゴリズムである。

クイックソートはソートの対象となるデータ列全体を考えるのではなく，ある基準となるキー（これをピボット（枢軸）と呼ぶ）を選定する。そのピボットにより，全体をまず二分する。ピボットの値より小さいキーを持つ部分データ列とピボットの値より大きいキーを持つ部分データ列とに二分する（図5-2）。

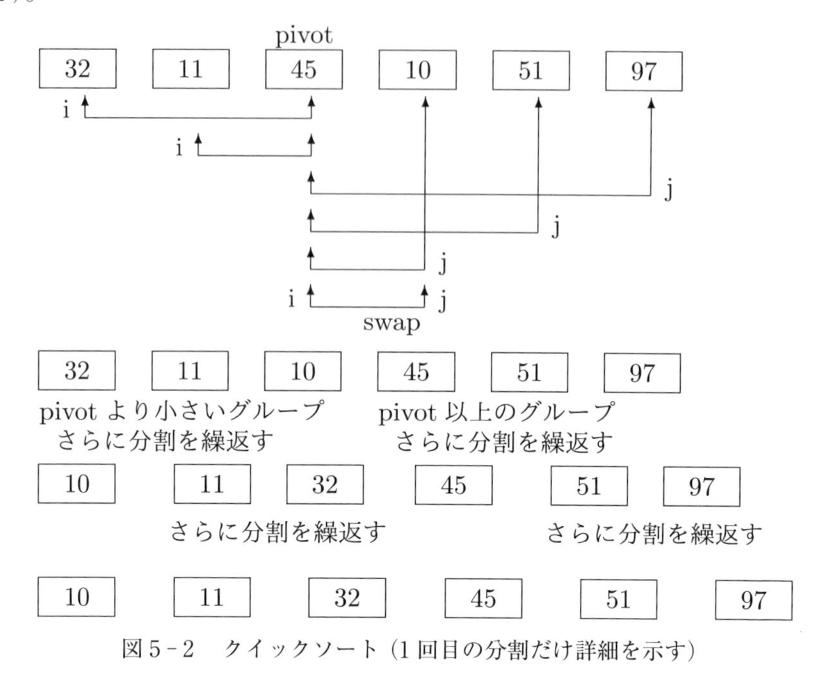

図5-2 クイックソート（1回目の分割だけ詳細を示す）

その分割された部分データ列に対して，再帰の考え方を用いてクイックソートを呼び出す。この処理を繰り返していく。

これ以上分割できないところまでたどった段階で，呼び出し元に復帰する。

復帰した段階では，各部分データ列は並び替えが終了しているので全ての再帰が終了した段階でソートが完了している。プログラム例を以下に示す。

```
/* quicksort.c   quick sort */
#include <stdio.h>
void disp(int n,int x[]){省略 }
void swap(int *x,int *y){省略 }
```

```
void quicksort(int first,int last,int x[])
{
    int i,j,pivot;
    if(first<last) {
      pivot=x[(first+last)/2];
      i=first;
      j=last;
      while(i<=j) {
        while(x[i]<pivot) i++;
        while(x[j]>pivot) j--;
        if(i<=j) swap(&x[i++],&x[j--]);
      }
      quicksort(first,j,x);
      quicksort(i,last,x);
    }
}
void main(void) {
    int x[]={32,11,45,10,51,97,23,65,58,7},n=10;
    disp(n,x);
    quicksort(0,n-1,x);
    disp(n,x);
}
```

クイックソートは，理想的な段階では計算量は$O(n \log n)$となる。

ピボット（枢軸）により，その値より小さいキーを持つ部分データ列とその値より大きいキーを持つ部分データ列とに均等に二分するのが理想であるが，現実にはそのような中央値をピボットとして選ぶことは難しい。

計算量$O(n \log n)$となるのは，データ列を毎回二分の一に均等に分割されていく場合に限る。常に，ピボットがソートしたいデータの中央値であれば理想的であるこの例では，ピボットの選び方として，ソートの対象となる配列の先頭と最後尾の中間に位置するデータを取っているがそれが中央値であるとは限らない。その場合，均等に分割されるとは限らないため，理想的な計算量にはならない。配列の先頭をピボットに選ぶ方法でも，配列の最後尾をピボットに選ぶ方法でもこの例と同様あまり変りはない。

なお，中央値（あるいはメディアン）とは，データを整列させた結果として得られる順位として中央に位置するデータを意味する。

演習

1. クイックソートのプログラムで降順に並べ替えるように変更するとしたらどこをどうしたらよいか？
2. クイックソートのピボットの値を選択する際に，本来ならば配列全体の中央値が望ましい。しかしながら，現実には簡便に中央値を得ることができないため，配列の先頭の値，配列の最後尾の値，配列の中央の値の中での中央値をピボットとして選ぶアルゴリズムとし，プログラムをつくりなおせ。

6章　データの探索

6.1　データの順位づけ

データの探索に入る前に，整列された配列データをもとにその値によって順位を付けて表をつくってみよう（ここでは，データは昇順に整列されているとする）。まず，disp(n,x)を再掲する。

```
void disp(int n,int x[])
{
    int i;
    for(i=0;i<n;i++) {
       printf("%d ",x[i]); if(i%10==9) printf("\n");
    }
    printf("\n");
}
```

これを，少しだけ変え，順位とデータを合わせて表示するようにしている。

```
void disprank(int n,int x[])
{
    int i;
    for(i=0;i<n;i++) {
       printf("No.%d:%d ",i+1,x[i]);
       if(i%10==4) printf("\n");
    }
```

```
    printf("\n");
}
```

しかしながら，この例では，同じ値であっても配列の最初に位置したデータの方がランクは上になってしまう。

```
11 32 46 50 50 50 68 68 72
No.1:11 No.2:32 No.3:46 No.4:50 No.5:50
No.6:50 No.7:68 No.8:68 No.9:72
```

そこで，同じ値である限り順位は変えないという条件ををつけるとどうなるか，考えてみよう。ランクをあらわす別の変数 `rank` を導入すればよい。その値が前の値と違うときのみ更新し，同じ値が続く場合には更新されないように制御すればよい。

```
void disprank2(int n,int x[])
{
    int i,rank,wk;
    wk=x[0]; rank=0;
    for(i=0;i<n;i++) {
      if(x[i]!=wk) { wk=x[i]; rank=i; }
      printf("No.%d:%d ",rank+1,x[i]);
      if(i%10==4) printf("\n");
    }
    printf("\n");
}
```

```
11 32 46 50 50 50 68 68 72
```

```
No.1:11 No.2:32 No.3:46 No.4:50
No.4:50 No.4:50 No.7:68 No.7:68 No.9:72
```

演習

1. データの表示と順位の表示のプログラムの動作を確認してみよう。参考用にメイン関数のみを示す。

```
/* rank.c  ranking list */
void main(void) {
    int x[]={11,32,46,50,50,50,68,68,72},n=9;
    disp(n,x);
    disprank(n,x);
    disprank2(n,x);
}
```

6.2　線形探索：リニアサーチ

線形探索はデータの中から探索したいデータを順番に（逐次的に）探し出す方法である。この場合はデータは整列されている必要はない。ただし，この例では，同じデータがある場合には探し始めて最初に見つかったもので探索終了としている（図 6 - 1 ）。

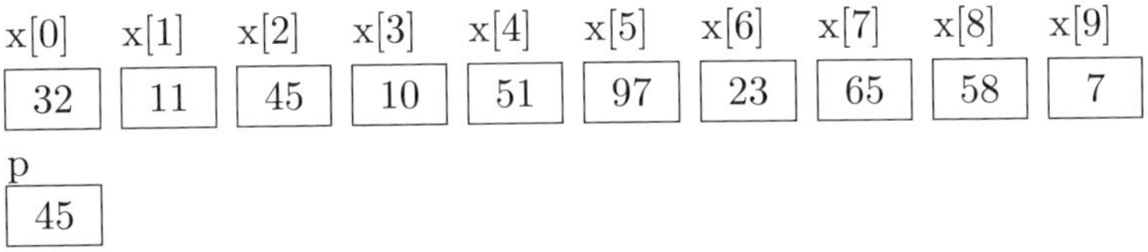

x[0]	x[1]	x[2]	x[3]	x[4]	x[5]	x[6]	x[7]	x[8]	x[9]
32	11	45	10	51	97	23	65	58	7

p
45

図 6 - 1　線形探索

線形探索のプログラムを search() として作成した。変数 low が配列の先頭，変数 high が配列の最後尾を示すことにする。また，要素 p と一致した配列の位置を関数値search()として返す。なお見つからなかった場合には－1を返す。

```
int search(int p,int x[],int low,int high)
{
    int i,ans;
    ans=-1;
    for(i=low;i<=high;i++) if(x[i]==p) { ans=i; break; }
    return ans;
}
```

線形探索は探索のために比較照合回数を考えると，運が良ければ最初に見つかる。運が悪ければデータ件数 n とすると n 回比較照合した結果が見つかるか，あるいは結果として見つからなかったかのいずれかとなるため，ヒットする確率が均等とすると $(n + 1)/2$ であり，計算量のオーダーの考え方からいえば，もっとも優勢な項のみ残され，さらに係数を1とするため，$O(n)$ である。

演習

1．線形探索のプログラムの動作を確認せよ。参考用にメイン関数のみを示す。

```
/* search.c  linear search */
#include <stdio.h>
void main(void) {
    int p,q,x[]={32,11,45,10,51,97,23,65,58,7},n=10;
    disp(n,x);
    printf("探したいデータ p?="); scanf("%d",&p);
    q=search(p,x,0,9);
    if(q==-1) printf("%dは見つかりません",p);
      else printf("%dは%d番目です",p,q);
}
```

2．線形探索において，例では配列の先頭から最後尾に向かう探索を紹介したが，最後尾から先頭に探索をするという方法もある。この方法でプログラムを書きかえよ（効率としては変わらない）。

6.3　二分探索：バイナリーサーチ

二分探索のプログラムを紹介する。変数`low`が配列の先頭，変数`high`が配列の最後尾，探し出す要素`p`と一致した配列の位置を関数値`binsearch()`として返す。見つからなかった場合には－1を返す。

二分探索ではデータの探索領域をあらかじめ想定して探索する。探し出したいデータと配列全体のちょうど真ん中に位置するデータとを比較する。値が偶然一致すれば探索終了であるが探し出したいデータが配列の真ん中の値より大きい場合には，さらに探す領域は配列の前半部分を全てカットしてよい。逆に配列の真ん中の値より小さい場合には，さらに探す領域は配列の後半部分を全てカットする。このような考え方（いわゆる辞書式探索）をすれば，探索を繰り返すたびに探索領域が半分（二分の一）になる。その意味でこの探索を二分探索と呼んでいる。

二分探索では対象となるデータは整列（並べ替えが終了）していなければ成立しない。整列データであるからこそ，データの探索が二分の一，さらに二分の一という風に探索すべき空間が対数的に減少していく（図6－2）。

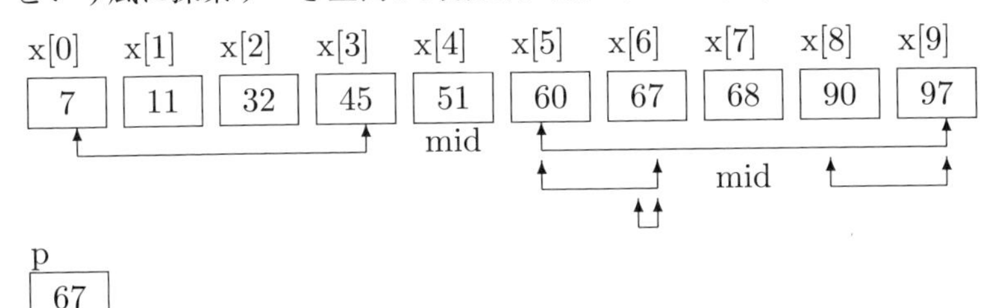

図6－2　二分探索

```
int binsearch(int p,int x[],int low,int high)
{
    int ans,mid;
    ans=-1;
    while(low<=high) {
       mid=(low+high)/2;
       if(p==x[mid]) { ans=mid; break; }
       if(p>x[mid]) low=mid+1; else high=mid-1;
    }
    return ans;
}
```

バイナリーサーチ：再帰版

再帰呼び出しを使ったプログラムを紹介する。再帰のプログラムの復習として味わってみよう。

```
int binsearch2(int p,int x[],int low,int high)
{
    int mid;
    if(low<=high) {
      mid=(low+high)/2;
      if(p==x[mid]) return mid;
      if(p>x[mid]) return binsearch2(p,x,mid+1,high);
         else return binsearch2(p,x,low,mid-1);
    } else return -1;
}
```

演習

1. 二分探索プログラムの動作を確認せよ。また，再帰のプログラムの動作を確認せよ。

2．二分探索において，入力データが降順整列データであった場合には，探索のプログラムはどのようにしたらよいか？プログラムを書きかえよ。

3．二分探索の計算量が $O(\log n)$ であることを証明せよ。

7章　順列・組合せの生成とバックトラッキング

再帰の章で組合せの数を再帰の考え方で求める方法を学んだ。ここでは，順列や組合せを生成する方法やバックトラッキングを学ぶ。

7.1　順列の生成

順列と重複順列

いくつかのものからその一部を取り出して1列に並べる，その並べ方の違いを区別する場合を順列とよぶ。

異なる n 個のものから，異なる m 個を取り出して並べる順列の総数を${}_n\mathrm{P}_m$と表す。最初は n 個の数値全てを利用できるから n 通りありうる。そこから1つ取り出して残りの場合の数を数えると $n-1$ となり，m 個に至るときには $(n-m+1)$ になっていることから，

$$ {}_n\mathrm{P}_m = n(n-1)\cdots(n-m+1) $$

となる。この式は次のようにも書くことができる。（これらが，等しいことを確認せよ）

$$ {}_n\mathrm{P}_m = \frac{n!}{(n-m)!} $$

なお n 個全てを取り出して並べる順列の総数は，${}_n\mathrm{P}_n = n!$である。

異なるという条件を外して，n 個のものから，m 個を取り出して並べる順列の総数は最初から最後まで n 個の数値全てを利用できることから n^mとなる。これを重複順列という。

順列の生成

プログラム例をみてみよう。まず重複順列を生成するもっとも素朴なものを

紹介する。この例では n 個の数値から 3 個の数値を重複を許して取り出す。

```
/* permu1_3b.c n^m n 個の数値から m=3 個取り出す重複順列 */
#include <stdio.h>
void main(void) {
    int i,j,k,n;
    printf("n^m n= "); scanf("%d",&n);
    if(n<3) return;
    for(i=1; i<=n; i++) {
      for(j=1; j<=n; j++) {
        for(k=1; k<=n; k++) {
            printf("%d %d %d\n",i,j,k);
        }
      }
   }
}
```

このプログラムを改変して，重複を許さずに n 個の数値から 3 個の数値を取り出すには次のようにすればよい。

```
/* permu1_3c.c  nPm n 個の数値から m=3 個取り出す順列 */
#include <stdio.h>
void main(void) {
    int i,j,k,n;
    printf("nPm n= ");  scanf("%d",&n);
    if(n<3) return;
    for(i=1; i<=n; i++) {
       for(j=1; j<=n; j++) {
```

```
            if(j==i) continue;
            for(k=1; k<=n; k++) {
                if(k==i||k==j) continue;
                printf("%d %d %d\n",i,j,k);
            }
        }
    }
}
```

これらはいかにも応用性に乏しい。3 個の数値を一般化して m にする方法が見えてこない。そこで順列を見出す配列 p[]とすでに使用したか否かを示す配列 s[]を用意する。

配列 p[0]から p[n-1]まで，順に調べ，それが使用済み（すでに選んだ）かどうかを s[]によって判断し，使用済みであれば次の要素に進む。

順列を求める処理を再帰的に呼び出して，次の位置に置く要素を決めていく。ただし，再帰の停止条件は再帰の深さのパラメータ q が m に到達したら，要素が m 個並んだことになるので，1 つの順列を構成したとしてそれらを出力して戻る。

```
/* permu.c */
#include <stdio.h>
#define N 20
int p[N],s[N]; /*順列,処理済フラグ */
void permu(int n,int m,int q) {
  int i;
  if(q>=m) {
     for(i=0;i<m;i++) printf("%d ",p[i]+1);
     printf("\n");
     return;
```

```
    }
    for(i=0;i<n;i++) {
       if(s[i]==0) {
         p[q]=i; s[i]=1;
         permu(n,m,q+1);
         s[i]=0;
       }
    }
}
void main(void) {
    int i,n,m;
    printf("nPm algorithm. please input n,m = ");
    scanf("%d,%d",&n,&m);
    for(i=0;i<n;i++) { p[i]=0; s[i]=0; }
    permu(n,m,0);
}
```

このプログラムを実行して，３つの数値から２つを取り出して並べた順列を生成した結果を以下に示す。

```
J:\algo2>permu
nPm algorithm. please input n,m = 3,2
  1  2
  1  3
  2  1
  2  3
  3  1
  3  2
```

演習

1. 例題のプログラム permu.c はいわゆる順列を生成するプログラムであるが，異なる n 個のものから，異なる m 個を取り出して並べる順列という条件を取り払い重複を許して m 個を取り出して並べる順列（重複順列）を生成するにはどうしたらよいか（ヒント：例題のプログラムは同じ数値が出ないように処理済のフラグを設けている。この条件を取り払えばよい）。

7.2 組合せの生成

いくつかのものからその一部を取り出して組合せをつくるとき，その組合せの違いのみを区別する場合を組合せとよぶ。異なる n 個のものから，異なる r 個を取り出して並べる組合せの総数を ${}_n\mathrm{C}_r$ と表す。順列と異なり，並べる順序は無視するため，順列の総数 ${}_n\mathrm{P}_r$ から r 個の全てを並べる順列の数（${}_r\mathrm{P}_r = r!$）で割り算した次の式となる。

$$ {}_n\mathrm{C}_r = \frac{n!}{(n-r)!r!} = \frac{n(n-1)\cdots(n-r+1)}{r(r-1)\cdots 3\cdot 2\cdot 1} $$

ただし，$0! = 1$，${}_n\mathrm{C}_0 = 1$ である。プログラム例を示す。

配列 c[0] から c[n-1] まで，順に調べていく。組合せを求める処理を再帰的に呼び出して，次の位置に置く要素を決めていく。次の要素を決定するときに，今選んだ要素よりも後の位置にある要素を選ぶという意味で再帰の引数 p として，その位置 $i+1$ を渡している。ただし，再帰の停止条件は再帰の深さのパラメータ q が r に到達したら，要素が r 個並んだことになるので，それらを出力して戻る。

```
/* combi.c */
#include <stdio.h>
#define N 20
int c[N]; /*組合せ */
```

```
void combi(int n,int r,int p,int q) {
    int i;
    if(q>=r) {
        for(i=0;i<r;i++) printf("%d ",c[i]+1);
        printf("\n");
        return;
    }
    for(i=p;i<n;i++) {
        c[q]=i;
        combi(n,r,i+1,q+1);
    }
}
void main(void) {
    int i,n,r;
    printf("nCr algorithm. please input n,r = ");
    scanf("%d,%d",&n,&r);
    for(i=0;i<n;i++) { c[i]=0; }
    combi(n,r,0,0);
}
```

このプログラムを実行して，3つの数値から2つを取り出す組合せを生成した結果を以下に示す。

```
J:\algo2>combi
nCr algorithm. please input n,r = 3,2
 1 2
 1 3
 2 3
```

7.3　バックトラッキング

ここでは，問題解決に全ての可能性（組合せ）をちくいち調べる方法を考える。そしてその方法において，バックトラッキングを考える。

ここでは，その概要を解説し，その例題として，次節において課題配分問題を，その次の節でn-クイーン問題を取り扱うことにしよう。

バックトラッキングとは，問題解決に全ての可能性を調べる必要があるとき，実際に調べる組合せを大幅に減少させる工夫の１つの手法である。

組合せをたどる途中で，ある判定基準によってそれ以上の組合せを調べても無意味であることが分かったとき，それ以降の探索を止めて，次の組合せに移る方法である。

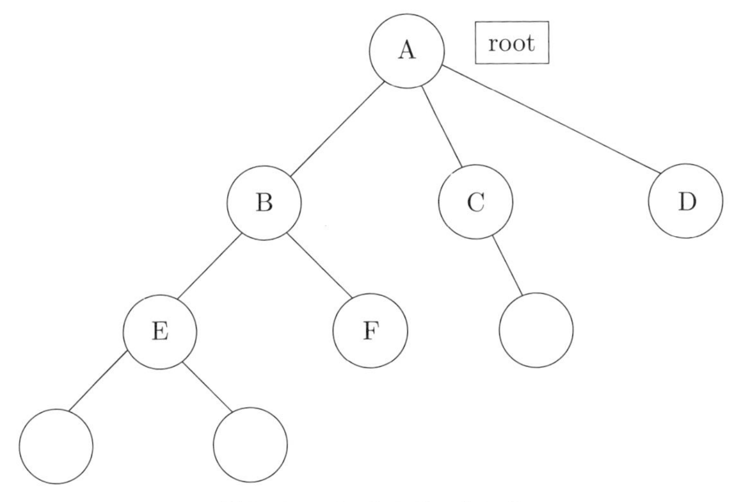

図７－１　バックトラッキング

図７－１において，ノードＡからノードＢまできたとき，もうそれ以上の組合せ（ノードＥとかノードＦとかの下位のノード）を調べても最適解がないという判断が可能であれば，Ｂ以下のノードの探索を止めて，次の候補ノード

Cとかノード Dとかを探しに行く方が賢明である。

このようにして，調べる探索回数をできる限り減少させる方法をバックトラッキングと呼んでいる。

7.4 課題分担問題

学生3人に，アルゴリズムとデータ構造の3つの課題を課すことを考える。1人の学生に1つの課題を割り当てて，最短で全ての課題を仕上げたい。

学生には課題の好みがあり，課題を仕上げるまでの時間(分)が次のようにかかることが分かっている。

課題分担	学生0	学生1	学生2
課題0	37	15	14
課題1	10	17	6
課題2	10	7	17

このような条件下で，効率的な順列を見つけ出す問題である。3人の学生に3つの課題を割り当てるやり方は${}_3P_3 = 3!$あり，その全てについて，その処理時コストを計算して最小のものを選べばよい（対象がn件となる場合には${}_nP_n = n!$となり，莫大な計算量を必要とする)。その場合には無効なケースを効果的に取り除くことが必要で，その方法がバックトラッキングである。

割り当ての途中で，それまでの処理時間がすでに今まで求まった最小の処理時間をこえていたら，それ以降は探索する必要はなく，後戻りして次の探索に移動する。

例えば，学生0に課題0を割り当てるとき，それだけで処理時間は37である。それまでに得られている最小の処理時間がもし35であったとすると，それ以降学生1，学生2のコストを調べる必要はもはやない。学生0に課題0を割り当てるという処理をあきらめて，次に移るほうが賢明である。無駄な探索をカットして，後戻り（バックトラック）することでアルゴリズムの効率化が期待できる。

課題配分問題の課題配分提案の流れを示す。この場合は最初の最小の処理時間が1000（仮の値）であったので，学生0の処理時間37での探索カットは実現していない（図7‐2）。

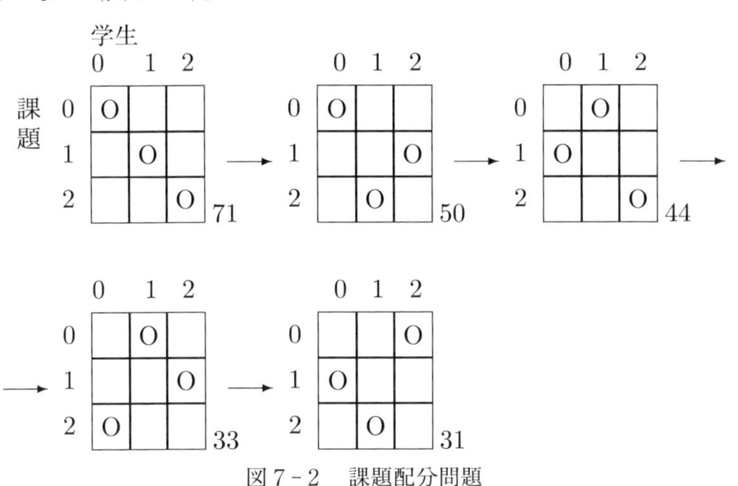

図7‐2　課題配分問題

```
/* share.c */
#include <stdio.h>
#define N 20
int p[N],s[N]; /*順列,処理済フラグ */
int v[3]; /*解 */
int cost[3][3]={ /*課題コスト表 */
    {37,15,14}, {10,17,6}, {10,7,17}
};
int total=1000;
void share(int n,int q) {
   int i,j,k,time;
   if(q>=n) {
```

```
        time=0; for(i=0;i<q;i++) { time+=cost[p[i]][i]; }
        if(time<total) {
           total=time;
           for(j=0;j<q;j++) v[j]=p[j];
         }
        return;
     }
     for(k=0;k<n;k++) {
        if(s[k]==0) {
           s[k]=1; p[q]=k;
           time=0; for(i=0;i<q;i++) time+=cost[p[i]][i];
           if(time<total) share(n,q+1);
           s[k]=0; p[q]=0;
         }
     }
}
void main(void) {
   int i,j,n=3;
   for(i=0;i<n;i++) { s[i]=0; }
   share(n,0);
   for(i=0;i<n;i++) printf("学生%d-課題%d\n",i,v[i]);
    printf("処理時間=%d\n",total);
}
```

実行結果は次のようになる。

```
J:\algo2>share
学生 0-課題 2
```

学生 1-課題 0

学生 2-課題 1

処理時間=31

演習

学生の課題を仕上げるまでの時間（分）が次のようにかかることが分かっている。この場合の最適な課題分担の組合せおよびそのときの最小コストをバックトラックを利用した問題解決に全ての可能性を調べる方法（しらみつぶし法）を使って，探索せよ，そしてそのコストがいくらか確認せよ。

課題分担問題	学生 0	学生 1	学生 2	学生 3	学生 4
課題 0	10	26	15	11	18
課題 1	13	28	11	16	19
課題 2	38	19	17	15	15
課題 3	19	22	20	10	13
課題 4	40	31	24	13	10

7.5 n-クイーン問題

バックトラックを利用した問題解決の例として，8-クイーン問題で有名なパズルを考えてみよう。8-クイーン問題とは，縦横 8 マスの盤面（チェスの盤面）を考える。縦横 8 マスの盤面を東西南北に見立て，北西の隅を 2 次元配列の 0 行 0 列目として定めることにする。

チェスにおいてはクイーンのコマは 1 つのマスを占めると，縦の列，横の行だけでなく，斜めの筋（北西から南東方向，南西から北東方向）の全てのマスには他のコマを配置できない。このような条件の下で，盤面に 8 個のクイーンを配置することができるかまたどのように配置すれば互いに排他しないかという問題である。

ここでは，説明を簡単にするために 4-クイーン問題としよう。なお例に示したプログラムはNを8にすれば8-クイーン問題の解が得られる。

	0	1	2	3
0		Q		
1				Q
2	Q			
3			Q	

	queen[ ]
0	1
1	3
2	0
3	2

図7-3　4-クイーン問題

図7-3に示すような配置は4-クイーン問題の1つの解である。これを求めるプログラムを考える。

プログラムの都合により，図の左の2次元配列を1次元配列 queen[]によって処理させている。

配列 queen[]の要素番号が2次元配列の行番号を示し，その値がその行に対するクイーンを配置すべき位置（2次元配列の列番号）を意味する。

初期状態としては，列，北西から南東方向，南西から北東方向全ての方向で配置できるため列 col[]，南西から北東方向 swtone[]，北西から南東方向 nwtose[]の全ての要素に配置可能として，フラグ1を立てておく。

まず最初のクイーンを配置する。初期状態では，どの位置に置くことも可能であるが，ここでは北西の隅，0行0列のマスに最初のクイーンを置くことにする。

これによって，列 col[0]，南西から北東方向 swtone[0]，北西から南東方向 nwtose[3]には今後配置できくなるので，フラグ0に変更する(図7-4)。

次に2つ目のクイーンを置く場所を考える。最初においたクイーンと共存できるところに配置するためには，列，北西から南東方向，南西から北東方向を調べ，配置可能であるかをしらみつぶしに調べる。

途中でクイーンを配置することができないことが判明したら，1行前のクイーンを別の場所に移動して再びトライすることになる（バックトラッキング)。

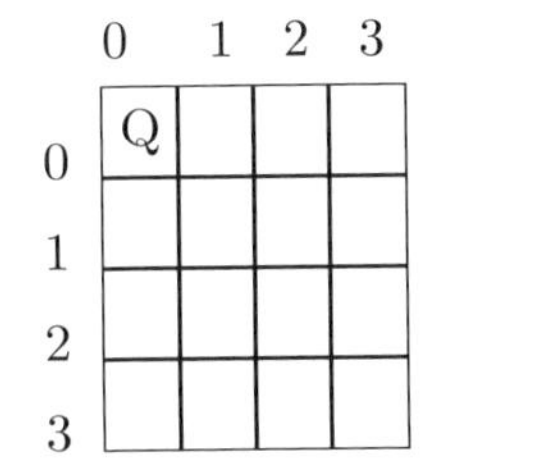

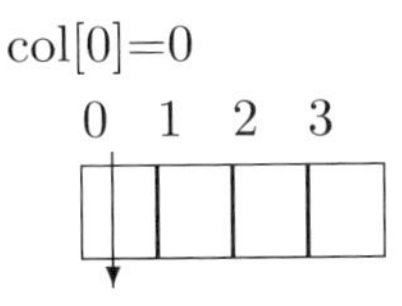

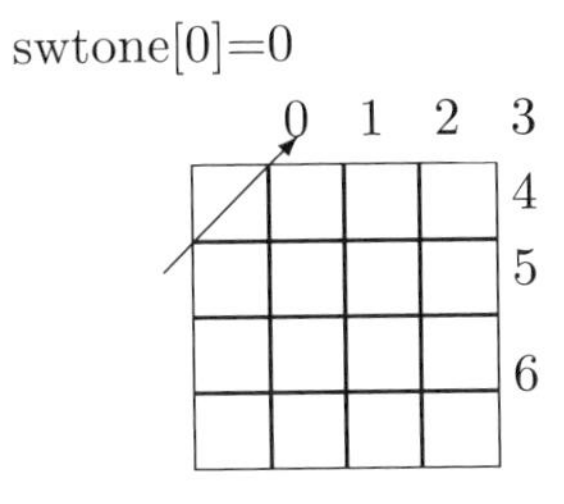

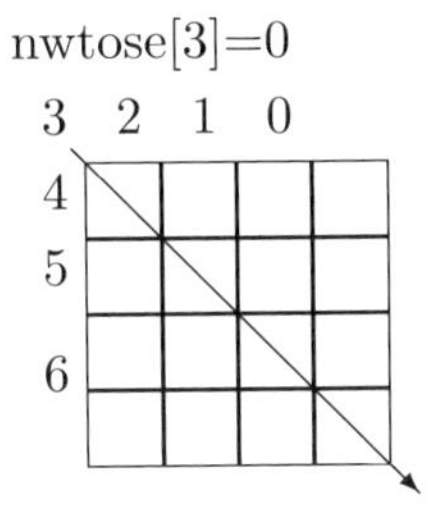

図 7 - 4 配列 col[ ],swtone[ ],nwtose[ ]

全てのクイーンを配置することができれば関数 try()は 1 を返し，全ての行を調べても置けないことが分かれば 0 を返す。

```
/* n-queen.c */
#include <stdio.h>
#define N 4
int queen[N]; /*探索解 */
int col[N]; /*列方向 */
int nwtose[2*N-1]; /*北西から南東方向 */
int swtone[2*N-1]; /*南西から北東方向 */
void disp(int n,int x[]){ rank.c参照 }
void init(void)
{
    int i;
```

```
    for(i=0;i<N;i++) queen[i]=-1;
    for(i=0;i<N;i++) col[i]=1; /* 1:配置可 0:不可 */
    for(i=0;i<2*N-1;i++) nwtose[i]=1;/* 1:配置可 0:不可 */
    for(i=0;i<2*N-1;i++) swtone[i]=1;/* 1:配置可 0:不可 */
}
int try(int i)
{
    int j;
    for(j=0;j<N;j++) {
      if(col[j]&&swtone[i+j]&&nwtose[i-j+N-1]){
        queen[i]=j;
        col[j]=0; swtone[i+j]=0; nwtose[i-j+N-1]=0;
        if(i+1>=N) return 1;
        else {
          if(try(i+1)==1) return 1;
          else {
            queen[i]==-1;
            col[j]=1; swtone[i+j]=1; nwtose[i-j+N-1]=1;
          }
        }
      }
    }
    return 0;
}
int main(void)
{
    init();
    if(try(0)==1) disp(N,queen); else printf("解なし.\n");
```

```
    return 0;
}
```

Nが4の際には，解が2つ存在するが例のプログラムでは最初に見つかった1つを表示する。2とか3では解は存在しない。

探索解を表示するdisp()では1次元配列のqueen[]の内容を表示するだけであるが，次のようなdispQ()に変更すればチェスの盤面のような表示（2次元の表）が得られる。

```
void dispQ(int n,int x[])
{
   int i,j;
   for(i=0;i<n;i++) {
      for(j=0;j<n;j++) {
          if(x[i]==j) printf("Q ");
          else printf(". ");
      }
      printf("\n");
   }
   printf("\n");
}
```

複数の解を全て見つけ出すプログラムを次に紹介する。try()をtry_all()に差し替え，main()を次のように変更する必要がある。ちなみに，8クイーン問題では解は92通りある。

```
void try_all(int i)
{
    int j;
```

```
    for(j=0;j<N;j++) {
    if(col[j]&&swtone[i+j]&&nwtose[i-j+N-1]){
       queen[i]=j;
       col[j]=0; swtone[i+j]=0; nwtose[i-j+N-1]=0;
       if(i+1>=N) disp(N,queen); else try_all(i+1);
       queen[i]==-1;
       col[j]=1; swtone[i+j]=1; nwtose[i-j+N-1]=1;
      }
  }
}
int main(void)
{
    init();
    try_all(0);
    return 0;
}
```

8章　数値計算の基礎

8.1　数値計算と計算の誤差

コンピュータというものはその名が示すとおり，もともとは計算をする道具として生まれた。現在ではありとあらゆるところに利用されるところとなり，計算をする道具という認識は薄くはなったが，そのもっとも得意とするところは計算である。

数値計算とは，科学技術から社会経済にわたる広範囲な問題を，コンピュータによって効率的に解くために考え出された手法である。

コンピュータを利用して，数式，関数を，繰り返し計算によって求めることが重要なテーマである。まずその前に，数値計算を行う際の誤差について簡単に触れておこう。

誤差とは

コンピュータで量を表現するとき，離散的な数値で表現する。例えば$\sqrt{2}$は1.414から始まる無限の桁数が必要であるが，現実には有限の桁数で表現せざるを得ない。

このように$\sqrt{2}$の真値と，それに近い値，近似値がある。真値と近似値との差を誤差とよび，真値をX，近似値をxとすると，xの誤差$e[x]$は

$$e[x]=x-X$$

で定義される。

誤差$e[x]$の絶対値$|e[x]|$はxの絶対誤差と呼ぶ。また誤差と真値との比

$$e_r[x]=\frac{e[x]}{X}$$

xの相対誤差と呼ぶ。

誤差の絶対値が

$$\varepsilon[x] \geq |e[x]|$$

となるような $\varepsilon[x]$ が存在するとき，$\varepsilon[x]$ を誤差 $e[x]$ の誤差限界と呼ぶ。

一般に真値が未知であっても誤差限界が何らかの方法で分かれば，真値の存在する範囲は

$$x+\varepsilon[x] \geq X \geq x-\varepsilon[x]$$

と表すことができる。また相対誤差の絶対値が

$$e_r[x] \geq |e_r[x]|$$

を満たすとき，$\varepsilon_r[x]$ を相対誤差 $e_r[x]$ の相対誤差限界と呼ぶ。

精度は，一般に近似値と真値が一致する桁数で表現する。例えば真値が 3.1415926 であったとすると，近似値 3.14 は精度が 3 桁である。しかしながら，真値が 3.0001 で，近似値 2.9999 のときには一致するところがないため不合理であるので，

$$p=\frac{1}{|e_r[x]|}$$

として，10 進数で精度は $\log_{10} p$ 桁と定義する。

例

$X=3.1415926$ とする。この近似値を $x=3.14$ とすると，このとき誤差，絶対誤差，誤差限界，相対誤差，相対誤差限界，精度は以下の通りである。

$$e[x]=-0.0015926$$

$$|e[x]|=0.0015926$$

$$\varepsilon[x]=0.0016 \geq |e[x]|$$

$$|e_r[x]|=-0.0005069$$

$$\varepsilon_r[x]=0.00051 \geq |e_r[x]|$$

$$\log_{10} p=\log_{10}(1/0.0005069) \approx 3.3$$

数値計算の誤差

コンピュータは高度な数値計算を実施できるといっても，例えば$\sqrt{2}$を求める場合，有限回の四則演算を行って求めている。

また得られた結果は真値であることはまれで，ほとんどが近似値である。逆に理論的には解けないような問題でも，数値計算を工夫することによって近似解が得られ，現実の問題に対して十分な答が得られてしまうという場合も出てくる。ここでは，有限回の四則演算で，近似値を求める代表的な問題をまとめて取り上げる。

コンピュータを使って数値計算を行うとき，次に述べるような原因によってさまざまな誤差が生ずる。

1. 丸め誤差
   四捨五入，切上げ，切捨てによって生ずる誤差である
2. 打ち切り誤差
   無理関数や超越関数等の式の値を多項式近似によって計算する場合，有限項で計算を打ち切らざるを得ない。その計算の打ち切りによって生ずる誤差である
3. 桁落ち誤差
   ほぼ値の同じ変数の差をとって計算をする場合などのように，計算によってデータの持っている有効桁数が減る現象をいう。一連の計算の中で桁落ちが起こると，計算結果に誤差として影響する
4. 変換誤差
   数値の表現形式の変更により発生する誤差で，例えば2進10進変換などで発生する

ここでは桁落ち誤差の発生に関する例題として次の問題を考えながら対応策を考えていこう。

2次方程式$ax^2 + bx + c = 0$の係数a（ただし$a \neq 0$），bおよびcを入力する。その根を求め，表示するプログラムをつくれ。

いわゆる根の公式を適用して求めればよい。根の公式は，

$$x=\frac{-b\pm\sqrt{D}}{2a}$$

であり，ここに D は判別式であり，

$$D=b^2-4ac$$

で定義される。D の値により2実根，重根，2虚根を振り分ければよい。ただし，データとして b が a，c に比べて，非常に大きな値であったとすると，数値計算上 $b^2-4ac \approx b^2$ となり $\sqrt{D}$ はほぼ b の値になる。このとき根の1つは桁落ちの発生を覚悟しなければならなくなる。その対応策としては次のように考える。

$b>0$ ならば根の公式のうち複号の＋のものつまり，

$$x=\frac{-b+\sqrt{D}}{2a}$$

が桁落ちの危険性があるので，分母分子に $-b-\sqrt{D}$ を掛ける。すると，

$$x=\frac{b^2-(b^2-4ac)}{2a(-b-\sqrt{D})}=\frac{2c}{-b-\sqrt{D}}$$

となり，この計算は桁落ちの心配はない。

同様に，b＜0の場合には

$$x=\frac{-b-\sqrt{D}}{2a}$$

の代わりに，

$$x=\frac{2c}{-b+\sqrt{D}}$$

によって求める必要がある。

quad-2.c にプログラム例を示す。

```
/* quad-2.c 2次方程式の根 */
#include <stdio.h>
```

```
#include <math.h>
int main(void)
{
    double a,b,c,D,x,x1,x2,xr,xi;
    printf("?係数 a,b,c = ");
    scanf("%lf,%lf,%lf",&a,&b,&c);
    D=b*b-4*a*c;
    if(D<0) {
       xr=-0.5*b/a;
       xi= 0.5*sqrt(-D)/a;
       printf("2虚根 x1=%lf+(%lf)i x2=%lf+(%lf)i",
        xr,xi,xr,-xi);
    } else if(D==0) {
       x=-0.5*b/a;
       printf("重根 x = %lf",x);
    } else if(D>0) {
       if(b>0) x1=2*c/(-b-sqrt(D));
        else x1=0.5*(-b+sqrt(D))/a;
       if(b<0) x2=2*c/(-b+sqrt(D));
        else x2=0.5*(-b-sqrt(D))/a;
       printf("2実根 x1 = %lf x2 = %lf",x1,x2);
    }
    return 0;
}
```

演習

1. 関数$f(x)$が次の式で示される。

$$f(x)=1-\frac{1}{\sqrt{1+x}}$$

この関数の値を，変数 x の値を 1 からはじめて 10^{-1}，10^{-2}，・・・，10^{-8} まで順に求めてみよ。さらに変数 x の値を小さくしていって，桁落ちが起こるかどうか確かめよ。また，桁落ちが起こった場合にはどのような対策を施したらよいかを答えよ。

2．関数 $f(x)$ が次の式で示される。

$$f(x)=\sqrt{1+x}-1$$

この関数の値を，変数 x の値を 1 からはじめて 10^{-1}，10^{-2}，・・・，10^{-8} まで順に求めてみよ。さらに変数 x の値を小さくしていって，けた落ちが起こるかどうか確かめよ。また，桁落ちが起こった場合にはどのような対策を施したらよいかを答えよ。

多項式の計算（ホーナーの方法）

まず，数値計算でよく出てくる多項式の計算の処理方法を触れておこう。係数 $a_i(i=0, 1, 2, \cdots, n)$ および変数 x が与えられて，次の式で定められる多項式の値

$$y=a_0+a_1x+a_2x^2+a_3x^3+\cdots a_{n-1}x^{n-1}+a_nx^n$$

を計算する場合に，n が小さいときにはそのまま計算してもさほど影響はないが，n が大きくなると計算量もふえ，誤差も増大する。この点を考慮すると，等価な

$$y=a_0+x(a_1+x(a_2+x(a_3+\cdots x(a_{n-1}+xa_n))))$$

とし，もっとも内側の( )から計算すると便利である。これをホーナーの方法と呼ぶ。

C 言語の表記をとれば，このような多項式の計算は次の for 文で表現するとよい。

```
for(i=n-1;i>=0;i--) y=a[i]+x*y;
```

とする。

8.2　級数の計算

数列の和 $f(n)$ が次の式で示される。なお，変数 n は整数とする。

$$f(x)=\frac{1}{1^2}+\frac{1}{2^2}+\frac{1}{3^2}+\cdots+\frac{1}{n^2}$$

この n の値を 1000 として初項からからはじめて第 2 項，第 3 項，・・・，と増やしていき第 1000 項までの和を求めてみよ。逆に変数 n の値を第 1000 項からはじめて，初項まで和を求めるとどうなるかを確かめよ。その結果の違いを考察せよ。

この問題に対してプログラムをつくって確認してみた。

```
/* kyusu.c  級数の計算 */
#include <stdio.h>
#include <math.h>
int main(void)
{
    double x,f,n,nmax;
    for(nmax=10; nmax<=1000; nmax*=10) {
      printf("\nn=%10.1lf\n",nmax);
      f=0.0;
      for(n=1;n<=nmax;n+=1.0){
          x=1/(n*n); f+=x;
      }
      printf("sum from 1 to n f=%27.24lf\n",f);
      f=0.0;
      for(n=nmax;n>=1;n-=1.0){
          x=1/(n*n); f+=x;
```

```
        }
        printf("sum from n to 1 f=%27.24lf\n",f);
    }
    return 0;
}
```

実行結果

```
n= 10.0
sum from 1 to n f= 1.549767731166540800000000
sum from n to 1 f= 1.549767731166540800000000
n= 100.0
sum from 1 to n f= 1.634983900184892300000000
sum from n to 1 f= 1.634983900184892900000000
n= 1000.0
sum from 1 to n f= 1.643934566681561500000000
sum from n to 1 f= 1.643934566681559700000000
```

nの値を第1000項までぐらいでは，あまり大きな差は見えてこない。ただ，nの値をさらに大きくとると差が顕著になってくる（これは演習課題とする）。この値の計算に，計算量$O(n)$ではなく，計算量$O(1)$のアルゴリズムで求めることができるかを考えてみよう。

数列の和$f(n)$については一般式は得られないが，nが十分大きいときには，次のような級数となることが知られている。

$$
\begin{aligned}
f(n) &= \frac{1}{1^2}+\frac{1}{2^2}+\frac{1}{3^2}+\cdots+\frac{1}{n^2} \\
&= \frac{\pi^2}{6}-\frac{1}{n+1}-\frac{1!}{2(n+1)(n+2)} \\
&\quad -\frac{2!}{3(n+1)(n+2)(n+3)} \\
&\quad -\frac{3!}{4(n+1)(n+2)(n+3)(n+4)}\cdots
\end{aligned}
$$

ただしこの級数は収束しない（漸近展開）。しかしながらこの級数は，高次の項の値は小さく，高次になればなるほど，より小さくなるため n が大きいときには適当な項までとれば，計算量 $O(1)$ には及ばないものの，数回の計算で十分な近似値が得られる。確かめてみよ。

また，

$$\sum_{i=1}^{\infty}\frac{1}{i^2}=\frac{\pi^2}{6}$$

はよく知られている。

演習

1．数列の和 $f(n)$ が次の式で示される。なお，変数 n は整数とする。

$$f(n)=\frac{1}{1^2}+\frac{1}{2^2}+\frac{1}{3^2}+\cdots+\frac{1}{n^2}$$

この n の値を 1000 より大きい場合（例えば n の値を 10^4 から 10^{10} 程度まで）この級数の和はどうなるか。その結果の違いを考察せよ。また，結果の確認のために，最後に示した等価な級数の和を利用してその値との比較をせよ。

8.3　関数値の近似計算と級数展開近似

関数電卓などでは三角関数や指数関数，対数関数がいとも簡単に計算できてしまうが，同じことをコンピュータで計算するときにはどのようにするのであろうか。その前にまずテイラー展開について簡単に説明をしておこう。関数 $f(x)$ が原点 O を含む区間で無限回微分可能であるとき，その区間の全ての x について

$$n\to\infty$$

としたとき，

$$\frac{f^n(x)}{n!}x^n \to 0$$

が成立するならば，$f(x)$ は次のように展開できる。

$$f(x)=f(0)+\frac{f'(0)}{1!}x+\frac{f''(0)}{2!}x^2+\cdots+\frac{f^n(0)}{n!}x^n+\cdots$$

例えば指数関数を例にとって考えてみる。

指数関数 e^x は $x=0$ でテイラー展開すると，上記の条件を満たし，

$$e^x=1+\frac{x}{1!}+\frac{x^2}{2!}+\cdots+\frac{x^n}{n!}\cdots$$

となる。このことから x および収束の基準が与えられ，指数関数 e^x の値を求めるプログラムを作ってみよう。

テイラー展開によれば，指数関数はここで示されたような無限級数の和として定義される。アルゴリズムとして，無限回の計算は認められないため，有限回で打ち切り，近似値として値を得ていくしかないが，実用上は，必要となる精度を収束の基準で定めることにしておけば，十分であると考えてよい。

有限回の計算で打ち切る，すなわちプログラムを有限回の繰り返しの構造にまとめるには，条件を決めておく必要がある。ここではある一定の値 ε（収束の基準）に対し $|x^n|/n! < \varepsilon$ を満たすまで繰り返すことにしよう。このプログラムを exp-2.c に示す。プログラムではこの収束の基準 ε を feps としている。

またこの例では，標準ライブラリ関数を用いたときの値も表示している。

```
/*  exp-2.c  級数展開近似  exp(x)  */
#include <stdio.h>
#include <math.h>
int main(void)
{
    double s,f,x,feps=1.0e-7;
    int k;
```

```
    s=1.0; f=1.0; k=1;
    printf("input x in exp(x) = ");
    scanf("%lf",&x);
    while(fabs(f)>feps) {
        f=f*x/k;
        s=s+f;
        printf("\ns(%d)=%12.9lf f=%12.9lf",k,s,f);
        k++;
    }
    printf("\nexp(x)=%12.9lf ",exp(x));
    return 0;
}
```

演習

1. 三角関数（正弦関数，サイン）$\sin x$ の $x=0$ でのテイラー展開は

$$\sin x = \frac{x}{1!} - \frac{x^3}{3!} + \frac{x^5}{5!} - \frac{x^7}{7!} \cdots$$

となる。これから x が与えられて $\sin x$ を求めるプログラムをつくれ。収束基準は feps で与えることとする。

2. 三角関数（余弦関数，コサイン）$\cos x$ の $x=0$ でのテイラー展開は

$$\cos x = 1 - \frac{x^2}{2!} + \frac{x^4}{4!} - \frac{x^6}{6!} \cdots$$

となる。これから x が与えられて $\cos x$ を求めるプログラムをつくれ。収束基準は feps で与えることとする。

3. 双曲線正弦関数（ハイパボリックサイン）$\sinh x$ の $x=0$ でのテイラー展開は

$$\sinh x = \frac{e^x - e^{-x}}{2} = \frac{x}{1!} + \frac{x^3}{3!} + \frac{x^5}{5!} + \frac{x^7}{7!} \cdots$$

となる。これから x が与えられて $\sinh x$ を求めるプログラムをつくれ。収

束基準は feps で与えることとする。

4．双曲線余弦関数（ハイパボリックコサイン）$\cosh x$ の $x=0$ でのテイラー展開は

$$\cosh x=\frac{e^x+e^{-x}}{2}=1+\frac{x^2}{2!}+\frac{x^4}{4!}+\frac{x^6}{6!}\cdots$$

となる。これから x が与えられて $\cosh x$ を求めるプログラムをつくれ。収束基準は feps で与えることとする。

8.4　方程式の求解（二分法とニュートン法）

数値計算において，数学的なモデル（方程式）を設定して，それを解く方法を考えることがメインテーマである。

数値計算に関する理解を深めること及びその技術を利用することはコンピュータを活用するためには大変重要な位置を占める。例えばシミュレーション技術は先端科学技術におけるもっとも有力な手段であり，ミクロな世界から宇宙まで広がる世界までの解析においても高度な数値計算が駆使される。

ここでは，紙数の都合により，補間，近似，あるいは連立一次方程式や微分方程式の求解といった本格的な話題については，別の教科書に任せることとして，数値計算の入門的な知識として，方程式の求解と収束について簡単に紹介するだけにとどめたい。

方程式の求解（二分法）

関数 $y=f(x)$ が区間 $[x_1, x_2]$ において1回だけ x 軸と交わるものとする。その交点の x 座標は方程式 $f(x)=0$ の根である。

二分法というのは，根の存在しそうな区間を二分の一，さらに二分の一と解空間を狭めていくことによって，精密な解を求める方法である。

そのアルゴリズムを箇条書きにすると次のようになる。

1．区間 $[x_1, x_2]$ の中点を x_m とする。x_m を計算する。

2．2つの区間$[x_1, x_m]$と$[x_m, x_2]$のどちらに$f(x)=0$の根があるかを調べる。
$f(x_1)f(x_m)<0$であれば，$f(x)=0$の根は区間$[x_1, x_m]$にあり，そうでなければ，根は区間$[x_m, x_2]$にある。

3．根が区間$[x_1, x_m]$にあるときには$x_2=x_m$とする。また根が区間$[x_m, x_2]$にあるときには$x_1=x_m$とする。

4．収束条件としては関数値$f(x)$の値とか，区間の長さ$|x_1-x_2|$等が基準の値εより小さくなったかどうかで判定する。

2の平方根つまり$\sqrt{2}$を二分法によって求めてみよう。ここで述べた方法を適用するために，$f(x)$をまず考えなければならない。

ここでは$f(x)=x^2-2$とおけば$\sqrt{2}$は$f(x)=0$の根である。また$f(1.0)<0$であり，$f(2.0)>0$であるから，$\sqrt{2}$は1.0と2.0の間にあると考えられる。

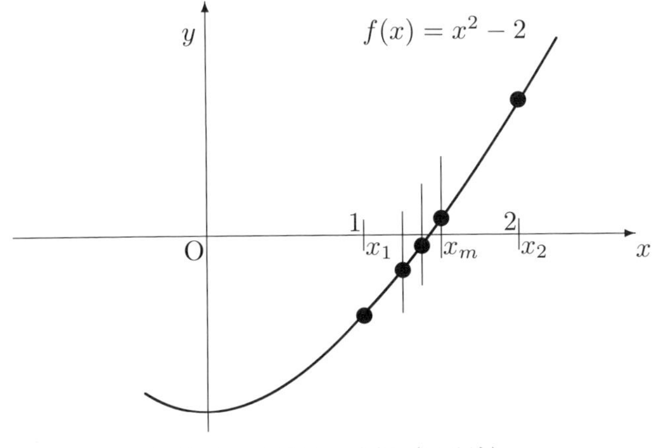

図8-1　方程式の求解（二分法）

つまり$x_1=1.0$，$x_2=2.0$として二分法を適用することを考えればよい。その中点x_mの値（符号）を求め，その点x_mのどちら側（区間$[x_1, x_m]$あるいは区間$[x_m, x_2]$）に根があるかによって，新たなx_1あるいはx_2を定めて，収束の基準を満たすまで繰返す。

このプログラムの例を`root2.c`に示す。ここでは収束の条件として関数値の値が基準の値 feps より小さくなったかどうかで判定している。

```
/*  root2.c  2の平方根の求め方（2分法）*/
#include <stdio.h>
#include <math.h>
int main(void)
{
    double xl,xh,xm,func(),f,feps=1.0e-7;
    xl=1,xh=2;
    while (xl<xh) {
        xm=(xl+xh)/2;
        f=func(xm);
        printf("\nx=%12.9lf func=%12.9lf",xm,f);
        if(f>feps) xh=xm;
        else  if(f<-feps)  xl=xm;
        else  break;
    }
    printf("\nx=%12.9lf func=%12.9lf",xm,f);
    return 0;
}
double func(double x)
{
    return x*x-2.0;
}
```

方程式の求解（ニュートン法）

ニュートン法は $f(x)=0$ の高次方程式等の近似根が分かっている場合，この値を繰り返し修正して真の値を求めていく近似解法である。この方法は $f(x)$ の導関数 $f'(x)$ が容易に求められる方程式に適用できる。$y=f(x)$ の曲線が x 軸

と交わる点 α が $f(x)=0$ の真の根であるが，いま α に近い適当な値 x_0 を初期値として，$y=f(x)$ 上の点 $P_0(x_0, f(x_0))$ における接線を考える。この接線が x 軸と交わる点を x_1 とする。同様に $y=f(x)$ 上の点 $P_1(x_1, f(x_1))$ における接線を考える。この接線が x 軸と交わる点を x_2 とし，このような処理を順次繰り返し，x_n を求めていくと，x_n は次第に真の値 α に近づいていく。

点 P_0 における接線は，

$$y-f(x_0)=f'(x_0)(x-x_0)$$

であるから，この接線と x 軸との交点の x_1 は $f'(x_0)$ が 0 でないとして，

$$x_1=x_0-\frac{f(x_0)}{f'(x_0)}$$

となる。順次繰り返していくと，一般に x_n は次の漸化式で表される。

$$x_n=x_{n-1}-\frac{f(x_{n-1})}{f'(x_{n-1})}$$

この計算を繰り返し，連続する 2 つの近似値の差が基準の値 ε より小さくなったかどうかで収束条件とすればよい。

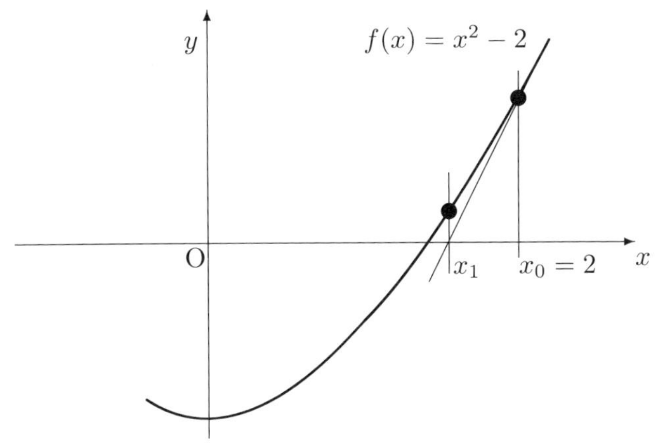

図 8 - 2　方程式の求解（ニュートン法）

$\sqrt{2}$をニュートン法によって求めてみよう。

$f(x)=x^2-2$ とおくと $f'(x)=2x$ である。これから

$$x_n=\frac{1}{2}\left(x_{n-1}+\frac{2}{x_{n-1}}\right)$$

また $f(1.0)<0$ であり，$f(2.0)>0$ であるから，$\sqrt{2}$は 1.0 と 2.0 の間にあると考えられる。そこで $x_0=2.0$ として繰り返しの計算を実行することを考えればよい。このプログラムの例を root2-2.c に示す。ここでも収束の条件として関数値の値が基準の値 feps より小さくなったかどうかで判定している。

一般に二分法との違いはニュートン法は収束が非常に速くなっている。例外もある。(演習)

```
/*  root2-2.c 2の平方根の求め方 (ニュートン法) */
#include <stdio.h>
#include <math.h>
main()
{
    double x,y,f,feps=1.0e-7;
    x=2.0;
    do {
        y=0.5*(x+2.0/x);
        f=y-x;
        printf("\nx=%12.9lf func=%12.9lf",x,f);
        x=y;
    } while(fabs(f)>feps);
}
```

収束

数値計算では，繰り返しの回数を明示せず，計算の精度を繰り返しの判定条件とする場合が多い。いま計算結果の真の値を a，近似値を a' としたとき，

誤差は $a-a'$ と表すことができる。絶対誤差 $\Delta a=a-a'$ となる。これに対して相対誤差は $(a-a')/a$ となる。実際には真の値 a はわからないため，繰り返し計算においては直前に計算した値を使用して誤差の判定に使用することが多い。この誤差には正の誤差と負の誤差の両方がありうるが，判定にはその絶対値をとる。

例えば正の数 b の平方根を求めるためには，次の漸化式

$$x_n=\frac{1}{2}\left(x_{n-1}+\frac{b}{x_{n-1}}\right)$$

を用いて求める。

ここで収束の条件としては x_n と x_{n-1} との差の絶対値が収束の基準値 ε より小さくなったら計算を終わらせるといった形で繰り返しを制御する。このように数値計算においては繰り返し回数を明示できないケースの方が多く，収束条件で繰り返しを制御することを念頭におかなければならない。

演習

1．3次方程式

$$x^3-x+1=0$$

は1つの根を-2から2の間に持つ。この根を二分法によって求めよ。なお，収束条件となる値 feps を 10^{-9} とせよ。

2．3次方程式

$$x^3-x-1=0$$

は1つの根を-2から2の間に持つ。この根を二分法によって求めよ。なお，収束条件となる値 feps を 10^{-9} とせよ。

3．3次方程式

$$x^3-x+1=0$$

は1つの根を-2から2の間に持つ。初期値を2として，ニュートン法に

よって解け。収束の条件を同一の feps を 10^{-9}として，二分法と比べて収束までの繰り返し計算回数がどうなるかを調べよ。また，初期値を-2としたらどうなるかを調べよ。

4．3次方程式

$$x^3-x-1=0$$

は1つの根を-2から2の間に持つ。初期値を2として，ニュートン法によって解け。

8.5　定積分の近似計算（台形公式）

定積分$\int_a^b f(x)\,dx$を言いかえれば，曲線$y=f(x)$とx軸および2つの直線$x=a$, $x=b$とに囲まれた部分の面積Sであるということもできる。

積分値Sを近似的に求めるもっとも簡単な方法として台形公式がある。

関数$y=f(x)$の積分区間$[a, b]$をn等分して，その分点を左から順にx_0, x_1, x_2, …, x_{n-1}, x_nとする。この各分点における関数値をy_0, y_1, y_2, …, y_{n-1}, y_nとする。そのとき曲線上の点P_0, P_1, P_2, …, P_{n-1}, P_nを線分で結んで得られる領域の面積はn個の台形の面積の和として表される。

すなわち，その台形の和を順にS_1, S_2, …, S_{n-1}, S_nとし，

$$S=S_1+S_2+\cdots+S_{n-1}+S_n$$

を定積分の近似値と見なすのである。

n等分した小区間の幅を$h=(b-a)/n$とすれば，

$$S_1=\frac{h(y_0+y_1)}{2}\quad S_2=\frac{h(y_1+y_2)}{2}\cdots S_n=\frac{h(y_{n-1}+y_n)}{2}$$

となるため，

$$S=\frac{h\{y_0+2(y_1+y_2+\cdots y_{n-1})+y_n\}}{2}$$

となる。

次の三角関数の積分を台形公式を用いて求めてみよう。

$$\int_0^{\pi/2} \sin x dx$$

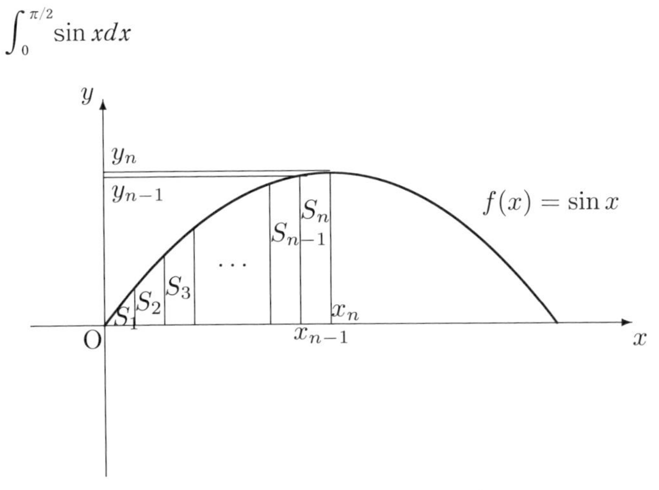

図 8 - 3　数値区分（台形公式）

これまでに述べた方法を繰り返し計算によってプログラムをつくればよく，trapezoid.c にその例を示す。この例では区間分割数 n を 100 とする。

```
/* trapezoid.c　積分計算（台形公式）*/
#include <stdio.h>
#include <math.h>
#define PI 3.14159265
void main(void)
{
    double a,b,h,s;
    int i,n=100;
    a=0.0; b=PI/2; h=(b-a)/n;
    s=0.0;
    for(i=0;i<n;i++) s=s+h*(sin(a+i*h)+sin(a+(i+1)*h))/2;
```

```
    printf("s=%12.9lf n=%d",s,n);
}
```

演習

1. この例題では区間分割数 n を 100 として積分しているが，標準入力から n を問い合わせて積分するように変更せよ。また n を変えることによって積分値（本来 1.0 になる）がどうなるかを調べてみよ。
2. 関数 x^2+x-e^x を標準入力から入力した区間 a から b まで積分するプログラムを台形公式を用いてつくれ。その際に刻みを表す数 n も入力できるようにせよ。

8.6 プログラムの汎用性と関数へのポインタ

C 言語では，関数を定義することによってプログラムをつくっていくが，より汎用性の高い関数を定義するためには，ここで紹介する関数へのポインタをマスターする必要性がある。

定積分 $S=\int_a^b f(x)\,dx$ を近似的に求める方法として台形公式を紹介した。ここで紹介したプログラムは関数 $f(x)$ として，$\sin x$ をプログラムの中で固定的に割り当てて考えているため，プログラムの汎用性といった観点からはよいプログラムといえない。

そこでまず，関数 $f(x)$ の定義を $\sin x$ 以外にも適用できるように，もう少し汎用性をもたせるように考えてみよう。また，定積分を求める関数を独立させて定義することを考えてみよう。

ここでは，積分計算は台形公式によるものとする。関数へのポインタの概念を導入する必要がある。次のようなプログラムを定義することができる。

```
/* tra4.c　積分計算（台形公式）*/
#include <stdio.h>
#include <math.h>
```

```
void main(void)
{
    double tra4(double, double, int, double (*)(double));
    double x1,x2,f(double);
    int n;
    printf("初期値 x1 ="); scanf("%lf",&x1);
    printf("終了値 x2 ="); scanf("%lf",&x2);
    printf("区間分割数 n ="); scanf("%d",&n);
    printf("f(x)の積分値 s =%12.9lf\n",tra4(x1,x2,n,f));
}
double tra4(double a,double b,int n,double (*fn)(double x))
{
    int i;
    double s,h;
    h=(b-a)/n;
    s=0.0;
    for(i=0;i<n;i++)
        s+=h*((*fn)(a+i*h)+(*fn)(a+(i+1)*h))/2;
    return s;
}
double f(double x)
{
    return sin(x);
}
```

先の例題のプログラムと比べると，重複して定義する部分がなく，すっきりまとまっている。このなかで，関数へのポインタを用いた，

```
double tra4(double a,double b,int n,double (*fn)(double x))
```

という関数が定義されている。

ここで最後の項の，`double (*fn)(double x)`というのは，引き数fnが1つのdouble型の引数を持つ関数へのポインタであることを示す。

関数へのポインタであることを示すには，`double *fn(double x)`では，double型のデータを指すポインタを返す関数ということになってしまうため，関数へのポインタであることを示すためには，必ず，`double (*fn)(double x)`としなければならない。

ここで，ANSI規格によれば，この関数の定義はあえて`(*fn)(...)`としなくて，`fn (...)`と記述してよいため，次の例のようなプログラム表記でよい。

さらに関数として sin x あるいは cos x という標準ライブラリ関数を直接使うときには，その関数名をそのまま呼び出すことができる。

```
/*  tra5.c  積分計算（台形公式） */
#include <stdio.h>
#include <math.h>
void main(void)
{
    double tra5(double, double, int, double (*)(double));
    double x1,x2;
    int n;
    printf("初期値 x1 ="); scanf("%lf",&x1);
    printf("終了値 x2 ="); scanf("%lf",&x2);
    printf("区間分割数 n ="); scanf("%d",&n);
    printf("sin(x)の積分値 s =%12.9lf\n",tra5(x1,x2,n,sin));
}
double tra5(double a,double b,int n,double fn(double x))
{
    int i;
    double s,h;
```

```
    h=(b-a)/n;
    s=0.0;
    for(i=0;i<n;i++) s+=h*(fn(a+i*h)+fn(a+(i+1)*h))/2;
    return s;
}
```

演習

1. 二分法による方程式の求解プログラム例 `root2.c` については，`main()`関数と，求解処理手続きが渾然一体となっている。求解処理手続き部分を関数として独立させ，より汎用性が高くなるようにつくりなおせ。関数の引数として解の1つが存在する区間 a,b と収束条件 feps および求解関数へのポインタを渡し，関数値として解の精密な値を返すものとする。
2. ニュートン法による方程式の求解プログラム例 `root2-2.c` は，さらに求解したい関数と，求解処理手続きが渾然となっており，何を求解しているのかが判然としない。分かりやすいプログラムとなるように改善せよ。

9章　乱数とシミュレーション

シミュレーションシステムの基本となる乱数および乱数を用いた事象およびシミュレーションを理解する。

9.1　乱数の生成と利用

乱数の発生は，自分自身でよりよい疑似乱数を定義する方法もあるが，実用上差し支えない範囲で標準ライブラリ関数を使う方が手軽であろう。

乱数の生成

乱数の発生に関する標準的な関数には次のものがある。

• 乱数（擬似乱数）を発生させる

```
#include <stdlib.h>
int rand(void);
```

周期 2^{32}の乗法合同法を用いて擬似乱数を発生させる。値は0から RAND_MAX（乱数の値として取りうる最大値，これは処理系によって異なり，< stdlib.h >において定義されている）までの正の整数値をとる。

• 乱数発生ルーチンの初期化

```
#include <stdlib.h>
void srand(unsigned seed);
```

乱数発生ルーチンの初期化を行うもので，seed に適当な種を指定すると乱数発生の新たな開始点が設定できる。種に time(NULL)によって現在時刻を設定すると毎回異なった乱数となる。

まず，乱数そのものを5個発生させるプログラムを示す。

```
/*  random.c  */
#include <stdio.h>
```

```
#include <stdlib.h>
#include <time.h>
void main(void)
{
    int i;
    srand(time(NULL));
    for(i=0;i<5;i++) printf("%d ",rand());
    printf("\nサイコロの目：\n");
    for(i=0;i<5;i++) printf("%2d ",rand()%6+1);
}
```

プログラムの最後の行はサイコロを振るシミュレーションとなっている。一般のサイコロは1から6までの出目を持つ。乱数rand()の結果を6で割ったあまりを求める。そうすれば0から5までの数値に必ずなるため，サイコロの目の6種類になる。ただ0から5ではサイコロらしくないため1を加えるといわゆるサイコロの出目になる。

また，少し複雑にはなるが，トランプのカード配りシミュレーションプログラムを考えてみよう。トランプのカードの種類は♣(Club)，◇(Diamond)♡(Heart) ♠(Spade)であり，数字としては，A,2,3,…,10,J,Q,Kであるとする。ここでは，ジョーカーを含まないものとし，全部で52種類の乱数を発生させる必要がある。ここでは1枚だけを配る。

```
/*  random1.c   a card generation   */
#include <stdio.h>
#include <stdlib.h>
#include <time.h>
void main(void)
{
```

```
    int i;
    char *card[]={"Club","Diamond","Heart","Spade"};
    char *numb[]={
      "A","2","3","4","5","6","7","8","9","10",
      "J","Q","K"
    };
    srand(time(NULL));
    i=rand()%52;
    printf("%s%s\n",card[i/13],numb[i%13]);
}
```

演習

1. 例題のトランプのカード配りシミュレーションを拡張し，ジョーカーを2枚追加せよ。それらの表示は「JOA」,「JOB」とせよ。
2. 乱数を用いて，曜日（日，月，火，水，木，金，土）を生成するプログラムをつくれ。
   配列例 `char *week[]={"日","月","火","水","木","金","土"};`
3. 乱数を用いて，じゃんけんの手（グー，チョキ，パー）を生成するプログラムをつくれ。
   配列例 `char *janken[]={"グー","チョキ","パー"};`

9.2 乱数の生成とシミュレーション

シミュレーションシステムの基本となる乱数および乱数を用いた事象を理解する。

乱数の生成と頻度分布

乱数を利用したシミュレーションを実施していこう。サイコロの出目のシミュレーションとさらに頻度分布調査を行う。

サイコロを100回振り，配列x[]に格納する。その100個の目を各頻度分布用の配列 count[]の目に対応するところにカウントしてみると，コンピュータの乱数は完全なる一様乱数でなく，擬似一様乱数であることがヒストグラム（頻度分布）からわかる。

```
/*  random2.c  histogram */
#include <stdio.h>
#include <stdlib.h>
#include <time.h>
void main(void) {
    int i,n,x[100],count[6];
    n=100;
    srand(time(NULL));
    for(i=0;i<n;i++) { x[i]=rand()%6+1; }
    for(i=0;i<n;i++) {
       printf("%2d ",x[i]); if(i%10==9) printf("\n");
    }
    printf("\n");
    for(i=0;i<6;i++) count[i]=0;
    for(i=0;i<n;i++) { count[x[i]-1]++; }
    for(i=0;i<6;i++) printf("%2d: %2d\n",i+1,count[i]);
}
```

演習

1．コインを投げ，表がでたら「表」，裏が出たら「裏」を表示する。100回コインを投げるシミュレーションを実行しその目によって「表」「裏」を表示するプログラムをつくれ。
2．100回コインを投げ，コインの表と裏のでる頻度分布を求めよ。

乱数の生成とシミュレーション

袋から玉を取り出すシミュレーションについて考えてみよう。

赤色の玉4個，青色の玉3個，銀色の玉2個，金色の玉1個，合計10個の玉が入っている袋がある。この袋の中からでたらめに玉を順に3つ取り出すことを考える。

ここでは，3個の玉を袋から取り出すのであるが，一度取り出した玉を毎回もとの袋に戻す場合と，もとの袋に戻さない場合の2つのケースを分けて考える。まず，一度取り出した玉を，毎回もとの袋には戻すものとする。この試行をコンピュータで実施し，3つの玉の色を表示する。

```
/*  simu1.c  ball pickup */
#include <stdio.h>
#include <stdlib.h>
#include <time.h>
void main(void)
{
    int i,n;
    char *ball[]={
      "赤","赤","赤","赤","青","青","青","銀","銀","金"
    };
    srand(time(NULL));
    for(i=0;i<3;i++) {
      n=rand()%10;
      printf(" %s ",ball[n]);
    }
    printf("\n");
}
```

次に，袋から玉を取り出すシミュレーションの別問題を考える。

今回は，一度取り出した玉は，もうもとの袋には戻さないものとする。前問とはまったく異なったアプローチが必要となる。

一度取り出した玉はもとの袋には戻さないために，毎回袋の中の状況が変わるため，同じ条件設定の乱数生成のルーチンが使えない。

発想をまったく変える必要がある。よく考えてみよう。また複数人のグループで議論してみよう。いろいろな方法があり得るが，解答の一例を示す。

```
/*  simu2.c  ball pickup2 */
#include <stdio.h>
#include <stdlib.h>
#include <time.h>
void swap(int *x,int *y) { int w; w=*x; *x=*y; *y=w; }
void main(void)
{
   int i,m,n;
   int bag[10]={0,1,2,3,4,5,6,7,8,9};
   char *ball[]={
      "赤","赤","赤","赤","青","青","青","銀","銀","金"
   };
    srand(time(NULL));
    for(i=0;i<1000;i++) {
      m=rand()%10; n=rand()%10;
      swap(&bag[m],&bag[n]);
    }
    for(i=0;i<3;i++) {
      printf(" %s ",ball[bag[i]]);
    }
    printf("\n");
}
```

配列にセットされている玉の並びをでたらめに並べ替えるという（トランプのカードでいうシャッフルを 1000 回繰り返している）作業を行っている。袋から取り出すのは順に 3 つ取り出すだけである。乱数は並べ替えの候補選択（シャッフル）の際に使用している。なお 1000 回という繰り返しにはあまり意味はない。

演習

1. 例題 random1.c のトランプの 52 枚のカードのカード配りシミュレーションでは 1 枚しか配らない。これを改良して，トランプカードのセットから 5 枚のカードを 5 人に配るシミュレーションを実行せよ。
2. そのトランプセットの 52 枚のカードの全てを 5 人に配るシミュレーションを実行せよ。

乱数の生成とシミュレーション 2

さらに乱数の生成とシミュレーションを考えてみよう。最初に，乱数発生ルーチンを使用して，パチンコを模擬するプログラムを考える。次に，スロットマシンを模擬するプログラムを考える。

まずパチンコを模擬するプログラムを考えてみよう。

最初持ち玉を 50 発とし，パチンコを打つ。チューリップに入る確率は 15 分の 1 とし，一様であるとする。またチューリップに入ったら当たりが出たとし，15 発の戻りがあるとする。ここでは rand() の結果を 15 で割り，そのあまりが 0 の時にチューリップに入り当たりが出たとしている。100 回試行して，持ち玉の推移を標準出力に表示する。

```
/*  pachinko.c  */
#include <stdio.h>
#include <stdlib.h>
#include <time.h>
void main(void)
{
```

```
    int i,total;
    srand(time(NULL));
    total=50;
    for(i=0;i<100;i++) {
      total--;
      if(rand()%15==0) total+=15;
      printf(" %3d ",total); if(i%10==9) printf("\n");
    }
}
```

次に，乱数発生ルーチンを使用して，スロットマシンを模擬する。

スロットマシンの窓は3つとしその各窓には，次の3種類の絵が一様に出るように仕込まれている。スロットマシンにコインを1個投入してスタートすると全ての窓の絵が回転する。そして，スロットマシンのストップを受けて，絵が停止する。そのときに，3つの窓の絵が全て一致したときに限り，絵の種類に応じて次の枚数のコインの返却がある。

- りんご：30枚
- みかん：15枚
- メロン：5枚

最初コインを50個準備し，スロットマシンでゲームを行う。50回試行して，手持ちのコイン（最初から持っていたものと，ゲームで得たものとの合計）の推移を標準出力に表示するプログラムを以下に示す。

```
/*  slot.c  スロットマシン */
#include <stdio.h>
#include <stdlib.h>
```

```
#include <time.h>
void main(void)
{
    int w1,w2,w3,point,i;
    char *fruit[]={"りんご","みかん","メロン"};
    srand(time(NULL));
    point=50;
    for(i=0;i<50;i++) {
        point--;
        w1=rand()%3; w2=rand()%3; w3=rand()%3;
        if(w1==w2&&w2==w3) {
            if(w1==0) point+=30;
            else if(w1==1) point+=15;
            else point+=5;
        }
      printf("%6s-%6s-%6s point=%3d\n",
        fruit[w1],fruit[w2],fruit[w3],point);
    }
}
```

演習

1. 例題のパチンコシミュレーションは持ち玉が0や負になってもシミュレーションを継続している。0になったらシミュレーションを止めるように改善せよ。また，このシミュレーションを100回試行して持ち玉数の平均を調べよ。持ち玉数が平均的に当初の値50になるような当たりの比率と戻り玉の返却数を調べよ。
2. 例題のスロットマシンでは，りんご，みかん，メロンの出現比率が均等になっている。コインの返却数に合わせた出現比率（例えばりんご1対みかん3対メロン6）にしたらどうなるかを調べよ。また，シミュレーションの 100 回試行して保有コインの数の平均を調べよ。コインの保有数が平均的に当初の値 50 になるようなりんご，みかん，メロンの出現比率とコインの返却数を調べよ。

3. じゃんけんゲームをつくってみよう。まず，標準入力からあなたのじゃんけんの手を入力させる。一方コンピュータでじゃんけんの手を乱数を用いて発生させ，それらを比較してあなたの手とコンピュータの手とで勝ち負けを判定する。そして判定結果を標準出力に表示せよ。
4. あるクラスの全学生の誕生日を調べた。学生の数を 45 人として，そのうち任意の相異なる 2 人の誕生日（月および日の一致）が一致する組合わせの数はどのくらいになるかを乱数を用いてシミュレーションしてみよ。誕生日の種類は 365 種類であるとし，均等に分布するとしてよい。また，たまたま 3 人が一致したときは，その組合わせの数としては相異なる 2 人の組合わせが 3 通りとなるから，3 と数えればよい。
5. これらの仮定の下では，理論的には，$\frac{{}_{45}C_2}{365}$となるが，なぜかを答えよ。
6. 誕生日シミュレーション試行を 1000 回実行し，誕生日が一致する頻度を調べその平均値を求めよ。その値が理論値に一致するかどうかを確認せよ。

9.3 一様乱数

ここでは，乱数を更に発展させて，各種の分布に従った乱数について考える。まず区間を指定された一様乱数を考える。

区間 [$\boldsymbol{a}$, $\boldsymbol{b}$]の一様乱数

通常の乱数を発生させる関数 `rand()`は値は 0 から `RAND_MAX` までの正の整数を発生させるものであった。

0 から 1 （1 を含む）までの値を取る乱数，言いかえれば区間[0, 1]の一様乱数を得たい場合には，取り得る最大値で割り，`rand()/(double)RAND_MAX` と変換すればよい。

さらに，-1 から 1 （1 は含まない）までの範囲の乱数，言いかえれば区間

[－1, 1]の一様乱数を得たい場合には，
(rand()-(double)RAND_HALF)/(double)RAND_HALF とする。なお RAND_HALF は，RAND_MAX/2 として定義される。

より一般化して，区間[a, b]の一様乱数を得たい場合には，区間[0, 1]の一様乱数 nrand()を利用して a +(b-a)*nrand()として定義されることが知られている。

一様乱数の生成プログラム例を以下に示す。

```
/*  dist.c  一様乱数の生成   */
#include <stdio.h>
#include <stdlib.h>
#include <time.h>
#include <math.h>
#define RAND_HALF RAND_MAX/2
double nrand(void) {
    return rand()/(double)RAND_MAX;
}
double nrand2(void) {
    return (rand()-(double)RAND_HALF)/(double)RAND_HALF;
}
double  urand(double  a,double  b)  {
    return a+(b-a)*nrand();
}
void main(void) {
    int i;
    srand(time(NULL));
    printf("0.0->1.0の一様乱数\n");
    for(i=0;i<5;i++) printf("%lf ",nrand());
```

```
    printf("\n -1.0->1.0の一様乱数\n");
    for(i=0;i<5;i++) printf("%lf ",nrand2());
    printf("\n 30->70の一様乱数\n");
    for(i=0;i<5;i++) printf("%lf ",urand(30,70));
}
```

演習

1. urand()によって，区間[30,70]の一様乱数を1000個発生させ，その分布を確認せよ。さらにその平均と標準偏差を求め，乱数データの性質を分析せよ。

   演習に関する参考プログラム（メイン関数のみ）を以下に示す。

```
/*  dist2.c  一様乱数の分布   */
void main(void) {
  int i,j,f[10];
  double x; srand(time(NULL));
  printf("\n 30->70の一様乱数\n");
  for(i=0;i<10;i++) f[i]=0;
  for(i=0;i<1000;i++) {
    x=urand(30,70);
    f[(int)(x)/10]++;
  }
  for(i=0;i<10;i++) {
    printf("\n %3d->%3d=%6.3f ",
      10*i,10*(i+1),f[i]/1000.0);
    for(j=0;j<f[i]/20;j++) printf("*");
  }
  printf("\n");
}
```

2．urand()によって，区間[45,55]の一様乱数を1000個発生させ，その分布を確認せよ。さらにその平均と標準偏差を求めよ。

3．urand()によって，区間[0,100]の一様乱数を1000個発生させ，その分布を確認せよ。さらにその平均と標準偏差を求めよ。

9.4　正規分布乱数

正規分布乱数について考えてみよう。

正規分布に従った分布は社会現象の多くは例えば，身長，体重の分布，成績の分布，測定誤差の分布など広い範囲にみられ，統計学上大変重要な分布である。

平均μ，標準偏差σの正規分布の確率密度関数は

$$f(x)=\frac{1}{\sigma\sqrt{2\pi}}e^{-\frac{1}{2}\left(\frac{x-\mu}{\sigma}\right)^2}$$

である。平均$\mu = 0$，標準偏差$\sigma = 1$の正規分布の確率密度関数は標準正規分布と呼ばれ，

$$f(x)=\frac{1}{\sqrt{2\pi}}e^{-\frac{x^2}{2}}$$

となる。変数に対する変換

$$z=\frac{x-\mu}{\sigma}$$

をかけることにより，一般の正規分布は標準正規分布に変換することができる。

中心極限定理

中心極限定理によれば，

「同一の分布に従う分布があり，それがどのような分布であるとしても，有限な分散を持つ限りにおいては，観測数を大きくすると，標本平均の分布が正規分布で近似できる」

同一の分布に従う確率変数X_1，X_2，…，X_nの列があって，その平均をμ，分

散をσ^2とすると，観測数nを大きくすると，確率変数$X_1, X_2, \cdots, X_n$の和$\sum_{i=1}^{n} X_i$は，平均が$n\mu$，分散が$n\sigma^2$の正規分布に近づく。

一様乱数と中心極限定理

同一の分布に従う確率変数として，区間[0, 1]の一様乱数を利用して，中心極限定理を適用する。一様乱数をn個発生させたとする。この一様乱数の平均値μ，分散σ^2は，

$$\mu = \int_{-\infty}^{\infty} x f(x) dx = \int_{0}^{1} x dx = \frac{1}{2}$$

$$\sigma^2 = \int_{-\infty}^{\infty} (x - E(x))^2 f(x) dx = \int_{0}^{1} \left(x - \frac{1}{2}\right)^2 dx = \frac{1}{12}$$

から，$\mu = 1/2$，$\sigma^2 = 1/12$が得られる。よって，nを大きくすると，一様乱数列の和は，平均が$n/2$，分散が$n/12$の正規分布に近づく。

正規分布乱数生成プログラム

以上のことから，nを大きくした一様乱数列r_nの和は，平均が$n/2$，分散が$n/12$の正規分布に近づく。そこで，

$$z = \sqrt{\frac{12}{n}} \left(\sum_{i=1}^{n} r_i - \frac{n}{2} \right)$$

とおけば，zの分布は標準正規分布となる。

さらに，任意の平均μ，分散σ^2を持つ正規分布は，

$$x = \sigma \sqrt{\frac{12}{n}} \left(\sum_{i=1}^{n} r_i - \frac{n}{2} \right) + \mu$$

特に，$n = 12$とすれば，平方根の計算を省略できるため，次のような非常に簡便な計算で，正規分布に従う乱数が得られる。

$$x = \sigma\left(\sum_{i=1}^{12} r_i - 6\right) + \mu$$

正規分布乱数として観測数nを12に限定した，平均μ，標準偏差σの正規分布乱数`double nmrand( )`および，観測数nを引数とした，平均μ，標準偏差σの正規分布乱数`double nmrand_n( )`の例（関数本体のみ）を紹介する。

```
double nmrand(double mu,double sigma) {
    int i;
    double a;
    for(a=0,i=0;i<12;i++) a+=nrand();
    return mu+sigma*(a-6.0);
}
double nmrand_n(double mu,double sigma,int n) {
    int i;
    double a;
    for(a=0,i=0;i<n;i++) a+=nrand();
    return mu+sigma*sqrt(12.0/n)*(a-n/2.0);
}
```

演習

1. nmrand()によって，平均 50，標準偏差 10 の正規分布に従った乱数を 1000 個発生させ，その分布を確認せよ。
   (a) 0 点から 100 点まで，10 点ごとの 10 種類とし，頻度分布をヒストグラムとして見やすく表示せよ。
   (b) この分布の 1000 個のデータの平均と標準偏差を求めよ。
2. 点数として 0 点あるいは 99.9 点のいずれかしか取らない乱数を 1000 個発生させ，その分布を確認せよ。さらにその平均と標準偏差を求めよ。
3. nmrand_n()によって，観測数 n を変化させて，発生する正規分布乱数の分布を確認せよ。観測数 n，平均 μ，標準偏差 σ の正規分布乱数，n を $1,2,4,\cdots,32$ 程度まで変えて分布を調べよ。

参考プログラムとして，メイン関数のみを示す。

```
/* dist3.c正規分布乱数（偏差値）の分布  */
void main(void)
{
```

```
    int i,j,f[10];
    float x,mu,sigma;
    srand(time(NULL));
    mu=50.0;
    sigma=10.0;
    for(i=0;i<10;i++) f[i]=0;
    for(i=0;i<1000;i++) {
      x=nmrand(mu,sigma); f[(int)(x)/10]++;
    }
    for(i=0;i<10;i++) {
      printf("\n %3d-%3d = %6.3f ",
        10*i,10*(i+1),f[i]/1000.0);
        for(j=0;j<f[i]/20;j++) printf("*");
    }
    printf("\n");
}
```

10章　リストとリスト処理

リスト構造とリスト処理

データと次に連携するポインタとから構成されるデータ（これを節点，ノードという）を鎖状につなげたデータ構造をリストと呼ぶ。システムプログラミングにおいては必須のデータ構造である（図10-1）。

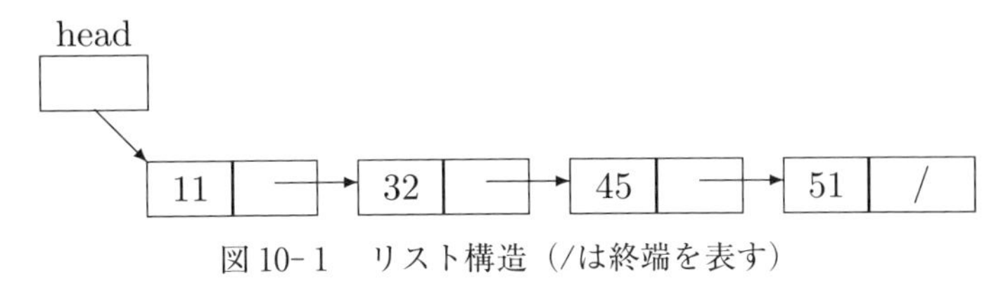

図10-1　リスト構造（/は終端を表す）

リストの節点

リストの1つの要素を節点（ノード）と呼ぶ。リストの節点（単方向リストの節点）は次のような構造体で表現する。自分自身と同じタイプの節点を参照するためのポインタを持つため，自己参照構造体と呼んでいる。

```
struct list {
    float element; /*データ   */
    struct list *next;   /*次の節点へのポインタ */
};
```

動的な記憶領域割り当て

必要なときに必要なだけ記憶領域を割り当てる方法が，動的な記憶領域割り当てと呼ばれるものである。

リストや木構造のようなデータ構造では，その節点の数は処理に応じて必要となるので，処理に当たっては動的な記憶領域割り当てが必要となる。

記憶領域割り当てにはmalloc(size)を用いることが多い。なお，sizeには必要とするメモリのサイズ（バイト長）を指定する。

```
malloc(sizeof(struct list));
```

sizeof(struct list)というのは，構造体 list の1件の節点分のバイト長を意味する。またこの関数は確保したメモリアドレスを返してくるので，そのアドレスが何を示すためのものかをキャストする必要がある。リストや木構造では，そのアドレスは構造体のアドレスであるので，キャストには構造体へのポインタであるという意味で(struct list *)が施されている。

```
struct list *ptr;
ptr=(struct list *)malloc(sizeof(struct list));
```

一方，利用した後には，確保したメモリをOSに返却する必要がある。それには free(ptr)を用いる。なお，ptr は確保したときに返してきた構造体のアドレスを指定する。

```
free(ptr);
```

リスト処理

キーボードから入力したデータは，最近入力したものがリストの先頭に，もっとも古く入力したものがリストの最後尾にリンクされるリスト処理（リストの追加，削除，表示）である。

単方向リストのもっともやさしい例である。初期化処理の関数は，次のように定義する。

```
void initialize(void)
{
    head=NULL;
```

```
}
```

初期状態はリストの先頭のポインタ head の値が NULL である（終端）としている。

まずリストの追加を説明しよう。最初に，newlist()というのは，構造体 list の 1 件の節点分のデータを確保することを意味する。

```
struct list *newlist(void)
{
    return (struct list *)malloc(sizeof(struct list));
}
```

追加処理の関数は次のように定義する。

```
void insert(float val)
{
    struct list *q;
    q=newlist(); q->element=val; //(a)
    q->next=head; //(b)
    head=q; //(c)
}
```

この定義では，新しくデータを追加する場合には，常に先頭 head の直下にリンクされる。最初にリストにデータ 20 を追加する。さらにデータ 35，15 を追加することにする。

挿入を繰り返すと，次の図のようにリストが変化していく。

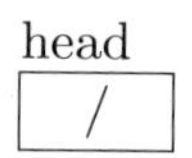

図 10-2　最初の状態（/は終端を表す）

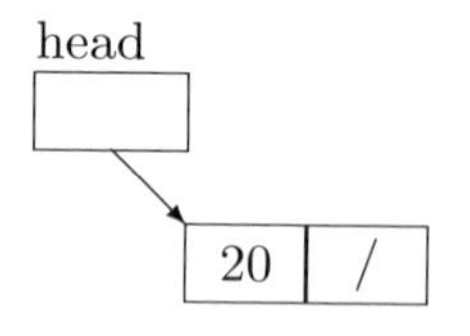

図 10-3　20を追加した

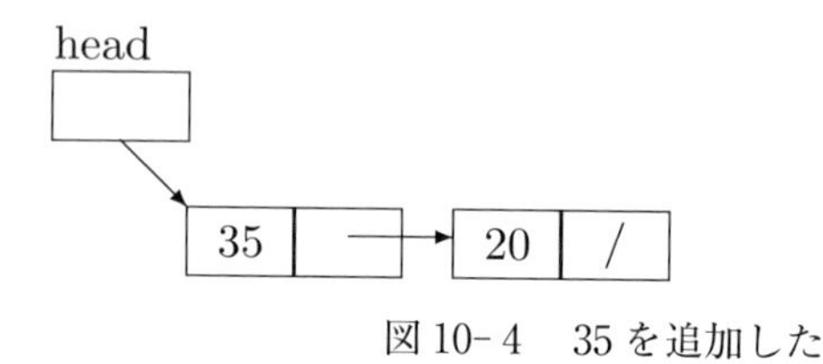

図 10-4　35を追加した

さらに，15を追加する挿入の様子を少し詳しく説明する。

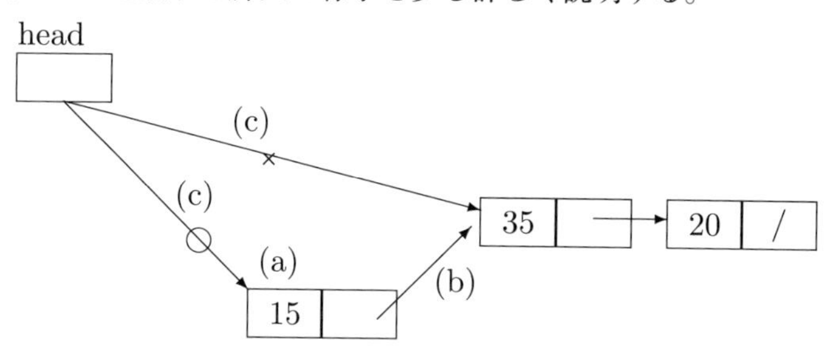

図 10-5　図 10.4 に 15 を追加するところ

図中の(a)，(b)，(c)が追加 insert()の処理の各処理ステップである。

次にデータの削除について見ていこう。この場合はリストの先頭データから削除することにしよう。削除処理の関数は次のように定義する。

```
void delete(void)
{
```

```
    struct list *q;
    q=head; if(q!=NULL){
      head=head->next; //(d)
      free(q); //(e)
    }
}
```

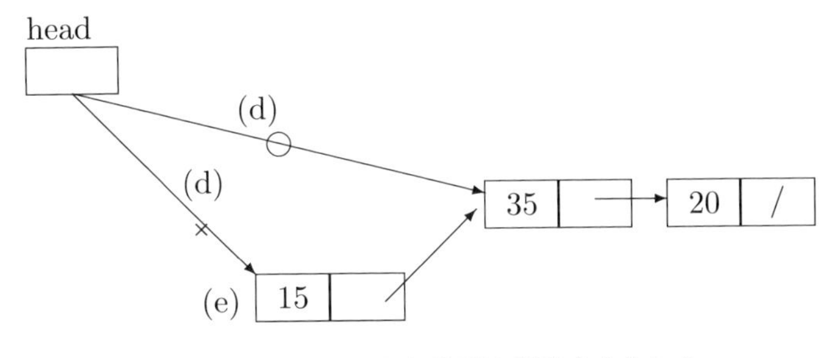

図 10- 6　図 10- 5 から先頭を削除するところ

図 10- 6 の (d) , (e) が削除 delete() の処理の各処理ステップである。free(q) は，使用済みの節点を OS に返却する手続きである。q はもともと先頭節点のアドレスである。

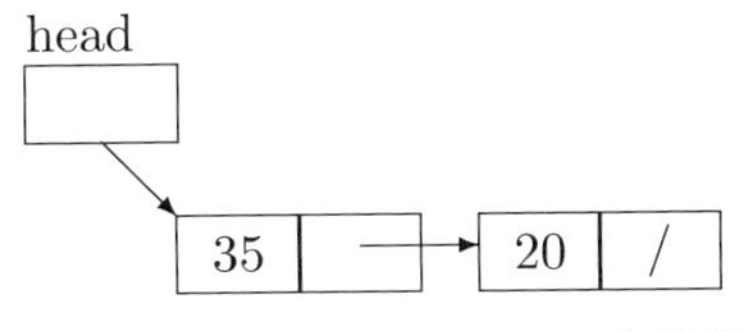

図 10- 7　35,20 がリンクされた状態

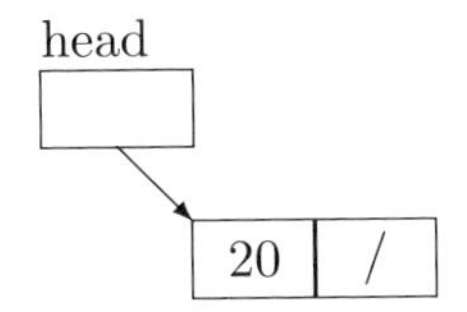

図 10- 8　35 を削除した状態

head

/

図10-9　320を削除した状態（/は終端を表す）

```
/*   list0.c  単方向リスト入力データがリストの先頭に */
#include <stdio.h>
#include <stdlib.h>
struct list {
    float element; /*データ*/
    struct list *next;  /*次の節点へのポインタ */
};
struct list *head;
struct list *newlist(void)
{
   return (struct list *)malloc(sizeof(struct list));
}
void initialize(void)
{
   head=NULL;
}
void insert(float val)
{
  struct list *q;
  q=newlist(); q->element=val; //(a)
  q->next=head; //(b)
  head=q; //(c)
}
void delete(void)
```

```
{
    struct list *q;
    q=head;
    if(q!=NULL){
      head=head->next; //(d)
      free(q); //(e)
    }
}
void display(void)
{
    struct list *q;
    for(q=head;q!=NULL;q=q->next) {
      printf("%4x: %10.2f : %4x\n",q,q->element,q->next);
    }
}
void main(void)
{
    int mode;
    float val;
    initialize();
    mode=1;
    while(mode) {
      printf("list process ?insert(1) or delete(0) = ");
      scanf("%d",&mode);
      if(mode==1) {
        printf("?data = "); scanf("%f",&val);
        insert(val);
      } else if(mode==0) { delete(); }
```

```
        display();
        printf("?continue(1) or quit(0) = ");
        scanf("%d",&mode);
    }
}
```

演習

1. サンプルプログラム list0.c をつくり，動作確認せよ。
2. この例では新しい節点は常にリストの先頭に組み込まれるが，値によって整列させて組み込まれるようにするにはどのようにしたらよいかを考えよ，

11章　スタック，キュー，ヒープ

スタックやキューといったデータ構造は，その要素へのアクセス方法に定められた制約が課せられたデータ構造である。ここでは，データ構造の実現にあたってまず，単方向リストで実現する方法を考える。

11.1　スタック

データを棚の上に積み上げていくように重ね，取り出すときにはもっとも最近積んだものから順になるような格納方式をスタック（棚）と呼ぶ。最後に積んだものが最初に取り出されることから，LIFO（Last In First Out），最初に積んだものが最後に取り出されるということから，FILO（First In Last Out）と呼ばれることもある。

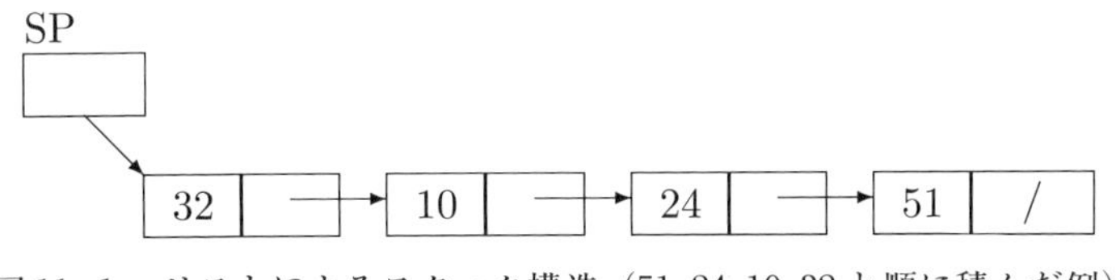

図 11-1　リストによるスタック構造（51,24,10,32 と順に積んだ例）

以下に，スタック構造をリスト（線形リスト ）で取り扱うヘッダファイル stack.h を以下に示す。

スタック方式のデータを管理するためには，スタックポインタと呼ばれるポインタ SP によって，もっとも最近積まれたデータを示す。スタックにデータを積む処理を push( )という関数で実施し，スタックからデータを取り出すのは，pop( )という関数で行う。

```
/*  stack.hリストによるスタック・ヘッダファイル */
```

```
#include <stdio.h>
#include <stdlib.h>
struct stlist {
   int id;
   struct stlist *next;
};
struct stlist *SP;  /*  Stack Pointer */
struct stlist *newstlist(void)
{
    return (struct stlist *)malloc(sizeof(struct stlist));
}
void initialize(void)
{
   SP=NULL; } void push(int val)
{
    struct stlist *q;
    q=newstlist(); q->id=val; q->next=SP; SP=q;
}
int pop(void)
{
    int rid;
    struct stlist *q;
    if(SP==NULL) {
      printf("stack empty\n"); return -1;
    } else {
      rid=SP->id; q=SP; SP=SP->next; free(q); return rid;
    }
}
```

```
void display(void)
{
    struct stlist *q;
    printf("SP : %6x\n",SP);
    for(q=SP;q!=NULL;q=q->next) {
        printf("%4x: %4d : %4x\n",q,q->id,q->next);
    }
}
```

そのスタック処理プログラム stlist.c を以下に示す。

```
/* stlist.c  スタック（リストによる構成）*/
#include <stdio.h>
#include "stack.h"
void main(void)
{
    int mode,id;
    initialize();
    mode=1;
    while(mode) {
        printf("stack process ?push(1) or pop(0) = ");
        scanf("%d",&mode);
        if(mode==1) {
          printf("?id = "); scanf("%d",&id); push(id);
      } else if(mode==0) {
          id=pop();
          if(id>0) printf("id = %d was picked\n",id);
      }
```

```
    display();
    printf("?continue(1) or quit(0)  =  ");
    scanf("%d",&mode);
  }
}
```

演習

1．サンプルプログラム stlist.c をつくり，動作確認せよ。

配列によるスタック

スタックのデータ構造の実現にあたって配列で実現する方法を考える。

ここで，グローバル変数 SP はスタック領域の中で，現在データが積んであるところも指すスタックポインタと呼ばれるものである。

スタックポインタとしては，現在スタックに積んである一番上のものを指す場合と，次にスタックに積むべき位置を指すとする場合とあり得るが，ここでは，前者とする。この例の場合，スタックを配列にとるため，スタックが空の状態（初期状態）は値を－1とする。

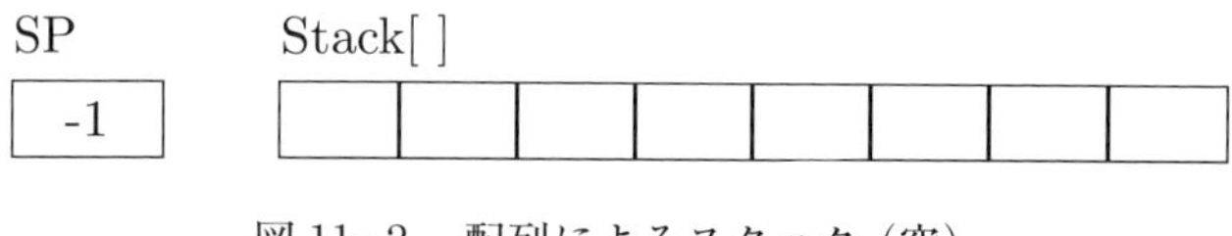

図 11-2　配列によるスタック（空）

まずスタックに1件目のデータを積む（push()によって）と，そのデータは配列の先頭である Stack[0]に積まれ，スタックポインタ SP は0となる。

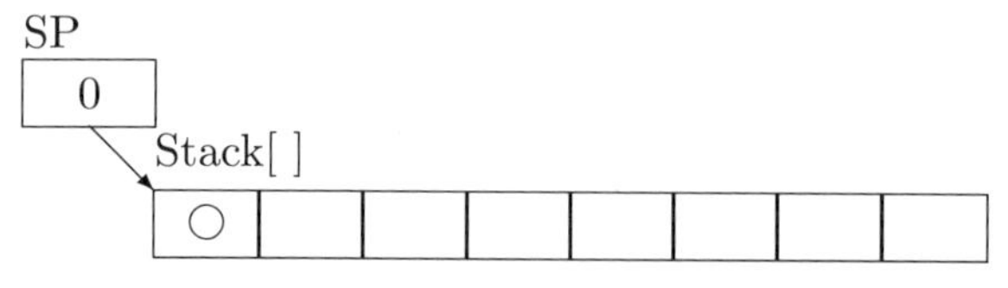

図 11-3　配列によるスタック（○はデータが積まれている）

さらに2件目のデータを積むとそれは，配列の2番目である Stack[1]に積まれ，SP は1となる。順に積んでいくと配列にはもっとも最近積まれたデー

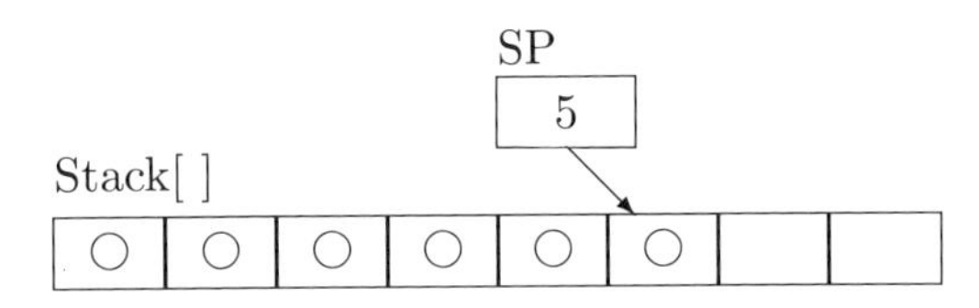

図 11-4　配列によるスタック（○はデータが積まれている）

タが最後尾に配置される。

スタックのトップに積んであるデータを取り出すと（pop()によって），それを呼び出し元に返し，その後，スタックポインタ SP は－1 される。さらにデータを取り出すと，それを呼びだし元に返し，スタックポインタ SP はさらに－1 される，最後まで取り出せば－1 となり初期状態（空の状態）に戻る。

なおこのプログラムでは処理の都合でデータは正の値に限定している。

```
/*  stack_array.h配列によるスタック・ヘッダファイル */
#include <stdio.h>
#define N 20
int Stack[N];  /* Stack Area */
int SP;  /* Stack Pointer */
void initialize(void)
{
    SP=-1;
}
void push(int val)
{
    if(SP<N-1) Stack[++SP]=val; else printf("Stack full\n");
}
int pop(void)
{
```

```
    if(SP>=0) return Stack[SP--];
    else {
      printf("Stack empty\n"); return -1;
    }
}
void display(void) { 演習 }
```

スタック内にあるデータの表示については各自で考えよ（演習）。(ただし，データの表示に当たってはスタック構造を改変しないように心がけなければならない。つまり，スタックポインタ SP を参照はするが，一切変更してはならない)。

配列に基づくスタック処理のプログラム stack.c を以下に示す。

```
/* stack.c  スタック（配列による構成）*/
#include <stdio.h>
#include "stack_array.h"
void main(void){ stlist.cの main()に同じ }
```

演習

1. ヘッダファイル stack_array.h の空欄（演習）を埋め正しく動作するようにせよ。
2. stack.c をつくり，その動作を確認せよ。

11.2 キュー

キュー（待ち行列）は，データが発生した順にデータを並べ，並んだ順を崩さずに取り出す方式である。

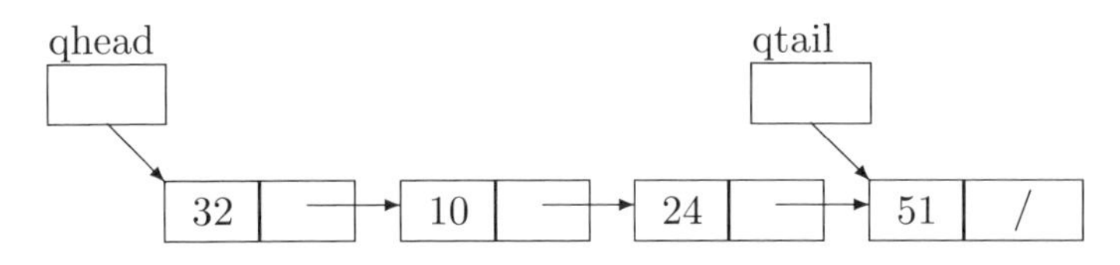

図 11-5 リストによるキュー構造（先頭 32,10,24，最後尾 51 と並んだ例）

最初に並んだデータが，最初に取り出されるため FIFO（First In First Out），LILO（Last In Last Out）と呼ばれる。

キュー（待ち行列）を，リスト（線形リスト）で処理したものヘッダファイル queue.h を以下に示す。キューにデータを加える処理をここでは，enterq( )，キューからデータを取り出す処理を removeq( )という関数で実行する。

```
/* queue.hリストによるキュー・ヘッダファイル */
#include <stdio.h>
#include <stdlib.h>
struct qlist {
    int id;
    struct qlist *next;
};
struct qlist *qhead,*qtail; /*キューの先頭，最後尾 */
struct qlist *newqlist(void)
{
    return (struct qlist *)malloc(sizeof(struct qlist));
}
void enterq(int val) {
    struct qlist *q;
    q=newqlist(); q->id=val; q->next=NULL;
    if(qhead==NULL) qhead=q; else qtail->next=q;
```

```
    qtail=q;
}
int removeq(void)
{
    int rid;
    struct qlist *q;
    if(qhead==NULL) {
      printf("queue is empty\n"); return 0;
    } else {
      rid=qhead->id; q=qhead; qhead=qhead->next; free(q);
      return rid;
    }
}
void initialize(void)
{
    qhead=NULL;
}
void display(void)
{
    struct qlist *q;
    printf("qhead : %6x , qtail : %6x\n",qhead,qtail);
    for(q=qhead;q!=NULL;q=q->next)
      printf("%4x: %4d : %4x\n",q,q->id,q->next);
}
```

キューの処理のプログラム qlist.c を以下に示す。

```
/* qlist.cリストによるキューの処理 */
```

```
#include <stdio.h>
#include "queue.h"
void main(void)
{
    int mode,id;
    initialize();
    mode=1;
    while(mode) {
        printf("queue process ?enter(1) or remove(0) = ");
        scanf("%d",&mode);
        if(mode==1) {
          printf("?id = "); scanf("%d",&id); enterq(id);
      } else if(mode==0) {
          id=removeq();
          if(id>0) printf("id = %d was removed\n",id);
      }
      display();
      printf("?continue(1) or quit(0) = ");
      scanf("%d",&mode);
    }
}
```

演習

1．サンプルプログラム qlist.c をつくり，その動作を確認せよ。

配列によるキュー

ここでは，キューを配列で実現する方法を考えてみよう。ここでは，データをキューに組み込む関数として enterq()が，キューからデータを取り出す関数として removeq()を定義する。

また，キューを配列 Queue[]に格納する。

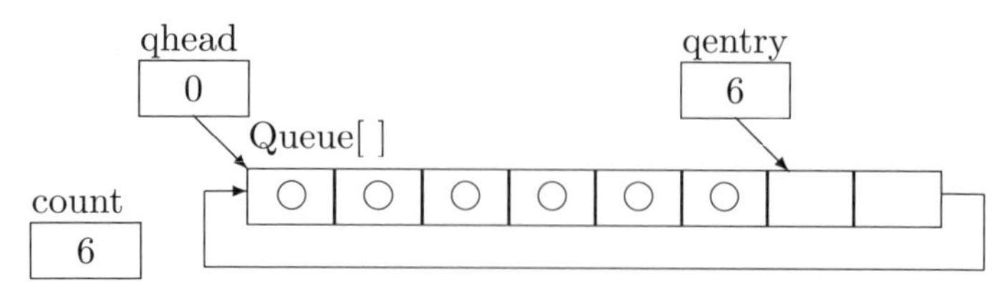

図11-6　配列によるキュー構造（環状、○はキュー使用中を示す）

配列データには容量制限Nがあるが，実際の運用ではいったんキューに入ってもそれが早めに取り出させればバッファとしては再使用できる。そのため配列を巡回的に動く環状バッファとして利用することにする。

変数qheadとqentryを用意し，qentryがキューにデータを入れるためのポインタとしての役割を果たし，qheadがキューからデータを取り出すためのポインタとしての役割を果たす。qentryもqheadも配列の要素の最後尾まで来たときには0まで戻して使用される。なお，qentryの定義はqueue.hのqtailの定義と少しずれているので注意が必要である（統一する処理は演習とする）。

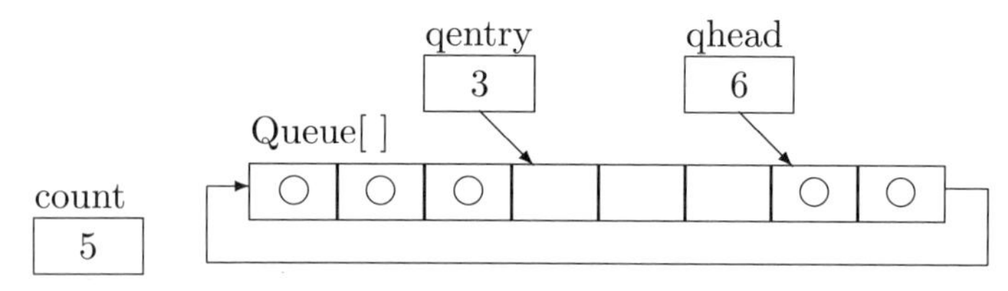

図11-7　配列によるキュー構造（環状、○はキュー使用中を示す）

この際に現在のデータの件数を示す変数countを用意してデータが空の時とデータが満杯の時のチェックができるようになっている。言いかえれば，countはデータが満杯かどうかenterq()にチェックされ，データが空かどうかをremoveq()がチェックしている。

なおこのプログラムでは処理の都合でデータは正の値に限定している。

```
/* queue_array.h  配列によるキュー・ヘッダファイル */
```

```
#include <stdio.h>
#define N 20
int Queue[N]; /* Queue Area */
int qhead,qentry,count;  /* Queue Head/Entry/Counter */
void initialize(void)
{
    qhead=0; qentry=0; count=0;
}
void enterq(int val)
{
    if(count<N) {
       Queue[qentry++]=val; if(qentry==N) qentry=0;
       count++;
    } else printf("Queue full\n");
}
int removeq(void)
{
    int val;
    if(count>0) {
      val=Queue[qhead++]; if(qhead==N) qhead=0;
      count--;
      return val;
    } else {
      printf("Queue empty\n"); return -1;
    }
}
void display(void){演習 }
```

キュー内にあるデータの表示については各自で考えよ（ただし，データの表示に当たってはキュー構造を改変しないように心がけなければならない）。配列によるキューの処理プログラム queue.c を以下に示す。

```
/* queue.c 配列によるキューの処理 */
#include <stdio.h>
#include "queue_array.h"
void main(void){ qlist.cの main()に同じ }
```

演習

1. queue_array.h の空欄を埋め正しく動作するようにせよ。
2. queue_array.h と queue.h とでは，qtail が最後尾のデータの入っている部分を示すのに対し，qentry の定義は次に待ち行列にエントリー可能な先頭アドレスを示すため，1つずれている。変数の定義を qtail に統一するためにはどこをどう変えたらよいか。
3. queue.c をつくり，その動作を確認せよ。

11.3 スタックやキューの応用

これまで学んだスタックやキューのデータ構造を用いたプログラミングを考えてみよう。

スタックの応用

スタックの応用例として，演算式に基づく四則演算を行う計算器や演算式の記述方法を変換するプログラムをつくろう。

後置記法による計算器

まず後置記法について説明する。後置記法というのは，四則演算において我々が通常用いている 3 + 5 という表現（中置記法）ではなくて，演算子を後に置く記法（逆ポーランド記法ともいう）である。3 + 5 と書く代わりに，3 5 +と書く。また，(3 + 4)*5 は，3 4 + 5 * と書く。

例として stcalc.c を以下に示す。このプログラムは，後置記法によって式が入力されてその値を計算する計算器のプログラムである。式の構成要素としては，1桁の正か0の整数，2項演算子としての+ ,-,*,/のいずれかであるとする。また，演算子や数値との間に空白を補うものとする。少なくとも数値は連続して入力されることはないものとする。

例えば，3 4 + 5 * と入力されるとプログラムの実行結果として result:35 が表示される（(3 + 4)*5 の意味であるから）。また，9 8 + 7 6 * 5 / -と入力されるとプログラムの実行結果として result:9 が表示される（(9 + 8)-((7*6)/5)の意味であるから）。

ここでは，先に学んだスタックの処理（stack.c あるいは stlist.c）ヘッダファイルはそのまま利用する。

また除算の演算において分母が0になるような演算はないものとするほか，数値は1桁とする（入力が2桁以上になる数値の計算は考えないものとする）(ただし，計算の結果や途中経過が2桁以上になるのは構わない。なおこれらの制約を取り除くのは演習とする)。

```
/* stcalc.c  スタックの応用（四則演算計算器） */
#include <stdio.h>
#include "stack.h"
void main(void)
{
   static char idt[80]="1 2 +";
   char c;
   int num,j,x;
   initialize();
   printf("input data=%s\n",idt);
   j=0;
   c=idt[j++];
```

```
    while(1) {
        while(c==' '||c=='\n'||c=='\t') c=idt[j++];
        if(c=='\0') break;
        switch(c) {
         case '0': case '1': case '2': case '3': case '4':
         case '5': case '6': case '7': case '8': case '9':
                   num=c-'0'; push(num); break;
         case '+': push(pop()+pop()); break;
         case '-': x=pop(); push(pop()-x); break;
         case '*': push(pop()*pop()); break;
         case '/': x=pop(); push(pop()/x); break;
      }
      c=idt[j++];
    }
    printf("result:%d\n",pop());
}
```

演習

1. このプログラムの動作を確認せよ。
2. 入力文字列が以下の場合にこのプログラムの動作を確認せよ。

   ```
   static char idt[80]="1 2 + 3 4 * 5 / -";
   ```

3. このプログラムを拡張して，除算の演算において分母が0になるような演算をチェックして除外し，その代わりにエラーメッセージを出すようにする工夫をせよ。
4. このプログラムでは，数値は1文字（1桁）で構成されるものとするいう条件が付いているが，それを撤廃し，続けて数値が書かれた場合には，位取りをしてその値をきちんと反映させるようにせよ。例えば35と数値が空白を入れずに2つ続いた場合には，35（さんじゅうご）として，135なら135（ひゃくさんじゅうご）として計算できるようにプログラムを拡張せよ。

中置記法から後置記法への変換

次に，我々が通常用いている 3 + 5 という表現（中置記法）を，ここで学んだ後置記法に変換するプログラムを，スタックを利用してつくってみよう。このプログラムは，3 + 5 という文字列を，3 5 + と変換する。また，(3 + 4)*5 は，3 4 + 5 * と変換する。中置記法においては，式の構成要素としては，これまでの正か 0 の整数，2 項演算子としての+ ,-,*,/に，演算の優先順位の高い括弧（および）が加わる。また，演算子に対しても演算子の優先順位があり，*,/が，+ ,-より高いというルールがある。

一般的に，例えば，x-y/(u + v)という表記（中置記法）を後置記法（逆ポーランド記法）に代えてみよう。中置記法においてはまず括弧が優先するから，u + v をまず計算する。これを後置記法で書けば uv +と書く。この結果を w とすると，次の計算は y/w となる。これも後置記法では，yw/と書く。その結果をまた w とすれば，その次の計算は x-w となり，後置記法では，xw-である。

以上をまとめれば，x-y/(u + v)という表記（中置記法）は後置記法にすると，xyuv +/-となる。後置記法はコンパイラ等の処理系でよく使われる算術式の表現方法であり，式の評価が直接かつ簡潔にできるのが特徴である。式の評価については先の計算器の例で示した。

この変換を行うには，変数や演算子あるいは括弧を読み出したらただちに変換できる訳ではなく，括弧の存在や演算子の優先順位によっては，いったん変数や演算子をスタックに積み，その優先順位にしたがってスタックから取り出したり，さらにスタックに積み上げる必要が出てくる。

ここでスタックに積む情報としては，各演算子に対してその記号（文字）とその優先順位とを合わせて 1 つの値（構造体）として取り扱うため，先の例の処理の stack.h とは異なるスタック処理となるため，stack2.h としてあらためてつくり直してある。ここでは，汎用性等を考慮してリストで構成する例のみ紹介する。

```
/* stack2.h スタックの応用（記法の変換）ヘッダファイル */
#include <stdio.h>
#include <stdlib.h>
struct stlist2 {
    char opr;  /*演算子 */
    int pri;  /*優先順位 */
    struct stlist2 *next;
};
struct stlist2 *SP2; /* Stack Pointer */
struct stlist2 *newstlist2(void)
{
    return (struct stlist2 *)malloc(sizeof(struct stlist2));
}
void initialize(void)
{
    SP2=NULL;
}
void push(struct stlist2 d)
{
   struct stlist2 *p;
   p=newstlist2(); p->opr=d.opr; p->pri=d.pri;
   p->next=SP2; SP2=p;
}
int pop(struct stlist2 *p)
{
    struct stlist2 *q;
    if(SP2==NULL) return -1;
    else {
```

```
    q=SP2; p->opr=q->opr; p->pri=q->pri; free(q);
    SP2=SP2->next; return 0;
  }
}
int disp(struct stlist2 *p)
{
  if(SP2==NULL) return -1;
  else { p->opr=SP2->opr; p->pri=SP2->pri; return 0; }
}
```

中置記法から後置記法への変換アルゴリズム

中置記法から後置記法への変換アルゴリズムを記述すると次のようになる。

1. 入力文字列の先頭から1文字ずつチェックする。文字列が終わりとなるまで以下の処理を繰り返す。
   (a) 文字が式の終わりかどうかを調べ，もし終わりであれば，スタックに演算子が残っているかどうか調べ，残っていればそれらを取り出し，順に出力列に移す。
   (b) 文字が数値であれば，それをそのまま出力列に移す。
   (c) 文字が開き括弧（であれば，文字をスタックに積む。
   (d) 文字が閉じ括弧）であれば，スタックから開き括弧（が出てくるまで取り出し，出力列に移す。
   (e) 文字が演算子であれば，スタックの一番上の演算子と優先レベルの比較をして，次のいずれかの処理を行う。演算子の優先順位としては *,/が + ,-より高いものとする。
      i . 入力文字がスタックの文字と比較してより高いとき，文字をスタックに積む。
      ii . 入力文字がスタックの文字と比較してより低いか等しいとき，文字をスタックから取り出し，出力列に移す。
2. 変換された文字列を出力する。

例として stcalc2.c を以下に示す。

```
/* stcalc2.c  スタックの応用（記法の変換）*/
#include <stdio.h>
#include "stack2.h"
void main(void)
{
    static char idt[80]="3 + 5" ;
    char odt[80];
    struct stlist2 d;
    int p,i,j;
    j=0;
    initialize();
    printf("input data=%s\n",idt);
    for(i=0;idt[i]!== \0= ;i++) {
      switch(idt[i]) {
        case '(' : p=2; break;
        case ')' : p=3; break;
        case '+' : case '-' : p=4; break;
        case '*' : case '/' : p=5; break;
        default : p=6; break;
      }
      switch(p) {
        case 2: d.opr=idt[i]; d.pri=p; push(d); break;
        case 3:
            while(pop(&d)!=-1) {
                if(d.pri==2) break;
                  else { odt[j++]=d.opr; }
```

```
            }
            break;
        case 4: case 5:
            if(disp(&d)==-1) {
                d.opr=idt[i]; d.pri=p; push(d);
            } else {
            while(p<=d.pri) {
              if(pop(&d)==-1) break;
                 else { odt[j++]=d.opr; disp(&d); }
            }
            d.opr=idt[i]; d.pri=p; push(d);
          }
          break;
        case 6: odt[j++]=idt[i]; break;
      }
    }
    while(pop(&d)!=-1) { odt[j++]=d.opr; }
    odt[j]== \0= ;
    printf("output data=%s\n",odt);
}
```

演習

1. このプログラムの動作を確認せよ。
2. 入力文字列が以下の場合にこのプログラムの動作を確認せよ。

```
static char idt[80]="1 + 2 -3 * 4 / 5";
static char idt[80]="( 1 + 2 ) * 3";
```

3. このプログラムの結果は，そのまま先の計算器のプログラムに適用できるようにはなっていない。それは，演算子と数値との間にまったく空白がなく文字列を入力された場合に空白を補う配慮がなされていないからである（たまたま空白を適宜補って入力されている文字列の場合には，そのまま適用できる)。その点を拡張して，この中置記法の演算式を入力したら，それを後置記法に変換し，さらにその値を続けて評価（計算）することができるように工夫をせよ。

キューの応用

キュー(待ち行列)の応用としてCPUスケジューラをつくってみよう。

FCFS（First Come First Served）スケジューリングとは一般的な待ち行列によるスケジューリングの考え方である。マルチプロセスをサポートするオペレーティングシステムでは，同時に複数のプロセスの起動要求を受付け，CPUを含めた計算機の資源を効率よく割り当てる必要がある。CPUスケジューラはそのプロセスの起動要求を受けてCPUの割り当てを行うオペレーティングシステムの中核をなすものである。

ここでは，ほぼ同時に発生したプロセスの起動要求をプロセスの実行可能待ち行列（レディキュー）に組み込む処理と，それを順次取り出す部分のみである。プロセスの起動要求の取り出し方はFCFS方式を採用する。FCFS方式というのはいわゆる順次取り出し方式で，もっとも早くから並んだものがもっとも早くサービスを受ける待ち行列の典型的なものである。

`schedule.c`を以下に示す。ここでは，プロセスは同時にいくつか発生するがその数は乱数で決まるものとする。そのプロセスのid（プロセス番号も1から256の任意の番号であるとする）を実行可能待ち行列に入れる。1つのプロセスにCPUを割り当てている間にさらにプロセスの起動要求が同様な形で発生すれば，同じ方式で待ち行列に入る。

プロセスの処理が終わればスケジューラは待ち行列に組み込まれたプロセスの起動要求を順次CPU割り当てサービスに移す。

ここでは，先に学んだキュー（待ち行列）の処理のヘッダファイル`queue.h`あるいは`queue_array.h`を，を利用する。

```
/* schedule.c　待ち行列の応用（FCFSスケジューリング） */
#include <stdio.h>
```

```
#include <stdlib.h>
#include <time.h>
#include "queue.h"
void main(void)
{
    int i,num,pid;
    initialize();
    srand(time(NULL));
    num=rand()%3;
    for(i=0;i<num;i++) {
        pid=rand()%256+1;
        printf("process  (id:%d)  is  waked  up\n",pid);
        enterq(pid);
    }
    pid=removeq();
    if(pid>0)
        printf("process  (id:%d)  is  running\n",pid);
    num=rand()%5;
    for(i=0;i<num;i++)  {
        pid=rand()%256+1;
        printf("process  (id:%d)  is  waked  up\n",pid);
        enterq(pid);
    }
    while(1)  {
        pid=removeq();
        if(pid>0)
        printf("process  (id:%d)  is  running\n",pid);
      else  break;
```

```
    }
}
```

演習

1. CPU スケジューリングの代表的な方式の１つに優先度別スケジューリングがある。これは，プロセスごとに優先度を表す数値が割り当てられる。実行可能待ち行列もその優先度に応じて構成され，優先度順に CPU の割り当てが実施されるスケジューリング方式である。この場合の待ち行列処理はどのようになるか考え，この例にならってスケジューラを作ってみよ。(queue.h そのものもつくりなおす必要があろう)。
   乱数としてはプロセスの ID（１から 255 までの整数）とプロセスの優先度 PRI（プロセスの優先度は０から７までの整数を考え，０がもっとも優先度が高く，７がもっとも低い優先度であると仮定する）を発生させる。待ち行列処理として，次のような方法がが考えられる。

- １つの待ち行列にプロセスの優先度に従って整列入力させてリストを構成する方法
- 優先度ごとに個別の待ち行列を構成し，同一優先度ならばリストが構成される。評価する方は優先度に応じて高いものから順に処理の順番を決めていくという方法

11.4　ヒープとヒープソート

ヒープは，スタックやキューと並んでよく使用されるデータ構造である。ヒープソートはヒープのデータ構造を利用したソートの技法である。

ヒープ

ヒープは，データの値に沿って順序立てられているキューであり，葉以外の節点にはヒープ条件という条件が付けられている。図 11-8 および図 11-9 に示すように親節点が子節点より小さいかあるいは等しいという関係（あるいはその逆の関係）が常に維持されるように運用される。ただし，子節点同士の順

序関係までは定めない。

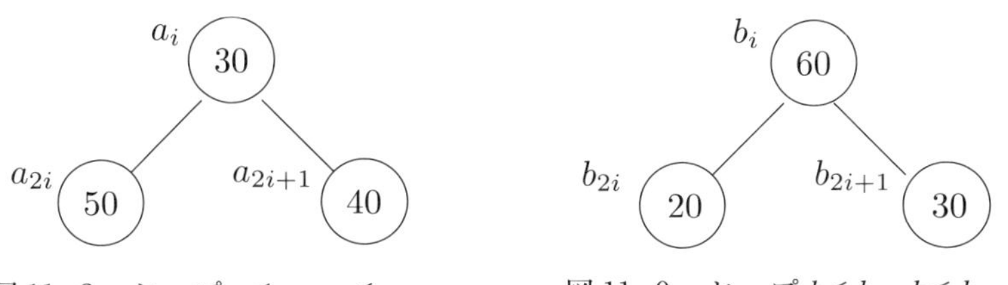

図 11-8　ヒープ $a_i \leq a_{2i}$，$a_i \leq a_{2i+1}$　　図 11-9　ヒープ $b_i \leq b_{2i}$，$b_i \leq b_{2i+1}$

次の図のようにヒープが構成されると，常にルートの節点に最小値が配置されるので，データ処理の中で繰返し最小値をルートから取り出すことができる。

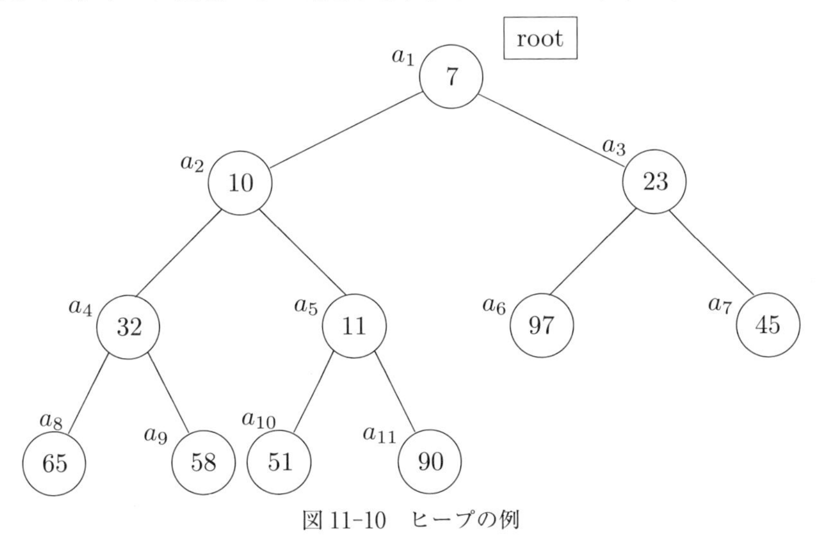

図 11-10　ヒープの例

a_0	a_1	a_2	a_3	a_4	a_5	a_6	a_7	a_8	a_9	a_{10}	a_{11}
X	7	10	23	32	11	97	45	65	58	51	90
a[0]	a[1]	a[2]	a[3]	a[4]	a[5]	a[6]	a[7]	a[8]	a[9]	a[10]	a[11]

$a[0]$ は使用しない

図 11-11　ヒープと配列

データをヒープに堆積する（積込む）処理を insert() とする。またデータをヒープから引き出す処理を pickup() とする。その両方の処理の際には，ヒープ構造を維持するための付帯処理が必要となっている。

ここでは配列によるヒープ構成を示す。プログラム例では，ヒープには配列 heap[] にデータを堆積する。堆積されたデータ件数を size で管理している。これらはグローバル変数として扱われる。

なお，配列の先頭の要素 heap[0] は用いず，配列の size 個の要素を順に heap[1],heap[2], = ,heap[n] としている。

なおヒープの初期化には initialize() を用いている。

```
/* heap.c */
#include <stdio.h>
#define Heap_size 12
int heap[Heap_size];
int size;
void disp(int n,int x[]){省略 }
void swap(int *x,int *y){省略 }
void initialize(void)
{
   size=0;
}
void insert(int val)
{
    int i;
    i=++size;
    heap[i]=val;
    while(i>1&&heap[i]<heap[i/2]) {
        swap(&heap[i],&heap[i/2]); i/=2;
```

```
    }
}
int pickup(void)
{
   int i,k,val;
   i=1; val=heap[1];
   heap[1]=heap[size];
   size--;
   while(2*i<=size){
        k=2*i;
        if(k<size&&heap[k]>heap[k+1]) k++;
        if(heap[i]<=heap[k]) break;
        swap(&heap[i],&heap[k]);
        i=k;
    }
    return val;
}
void main(void) {
    int i,x[]={32,11,45,10,51,97,23,65,58,7},n=10;
    disp(n,x);
    initialize();
    for(i=0;i<n;i++) insert(heap,x[i]);
    for(i=0;i<n;i++) {
      printf("%d ",pickup(heap));
      if(i%10==9) printf("\n");
    }
}
```

ヒープソート

ヒープを使った，ヒープソートを紹介しよう。ヒープの例に倣って，ここでは配列によるヒープ構成を示す。そのため，配列の先頭の要素 x[0]は用いず，配列の n 個の要素を順に x[1] = x[n]とする。

```
/* heapsortd.c */
#include <stdio.h>
void disp(int n,int x[]){省略 }
void swap(int *x,int *y){省略 }
void downheap(int i,int j,int x[])
{
   int k;
   k=2*i;
   if(k<=j) {
       if(k!=j&&x[k]<x[k+1]) k++;
       if(x[i]<x[k]) {
         swap(&x[i],&x[k]); downheap(k,j,x);
       }
   }
}
void heapsort(int n,int x[])
{
    int i;
    for(i=n;i>=1;i--) downheap(i,n,x);
    for(i=n;i>1;i--) {
      swap(&x[1],&x[i]); downheap(1,i-1,x);
    }
}
```

```
void main(void) {
    int x[11]={-1,32,11,45,10,51,97,23,65,58,7};
    int n=10; /* x[0]:dummy x[1]--x[n]:data */
    disp(n+1,x); /* n+1であるので注意 */
    heapsort(n,x);
    disp(n+1,x);
}
```

演習

次の問いに答えよ。

1. ヒープソートのプログラムで降順に並べ替えるように変更するとしたらどこをどうしたらよいか？

12章　リスト処理その2

これまで，リスト処理として，単方向リストのもっとも簡単なもの：キーボードから入力したデータのうち，最近入力したものがリストの先頭に，もっとも古く入力したものがリストの最後尾にリンクされるリスト処理をまず学び，次にスタック構造を実現するもの，キュー（待ち行列）構造を実現するものを学んだ。

ここでは，リスト処理としてより実用的な単方向リスト（入力データの値に応じて昇順に整列してリスト処理を工夫したもの，以下のリスト処理全て整列処理が施されている）を考える。また，環状（巡回）リスト，双方向リスト等のさまざまなものがあり，それらをまとめて学ぶことにしよう。

12.1　単方向リスト（整列入力）

入力されたデータの値によってリストは整列させてリンクする（小さいものから大きいものへの昇順（正順）にリンクする）。

ただし，この場合ダミー節点を設定する。あらかじめ，データとして取りうる値より小さい値（Nmax），データとして取りうる値より大きい値（Pmax）合わせて2つのダミー節点を仕込んでおき，新たなデータはこの2つのダミー節点の間に挿入される処理に限定するものである。

構造体の定義や *head および初期化処理は，次のように定義する必要がある。

```
#include <stdio.h>
#include <stdlib.h>
#define Nmax -10000.0
#define Pmax 10000.0
struct list {
```

```
    float element;
    struct list *next;
};
struct list *head;
struct list *newlist(void)
{
   return (struct list *)malloc(sizeof(struct list));
}
void initialize(void)
{
   struct list *p;
   head=newlist(); p=newlist();
   head->element=Nmax; head->next=p;
   p->element=Pmax; p->next=NULL;
}
```

初期化されたリストの状態を図 12- 1 に示す。

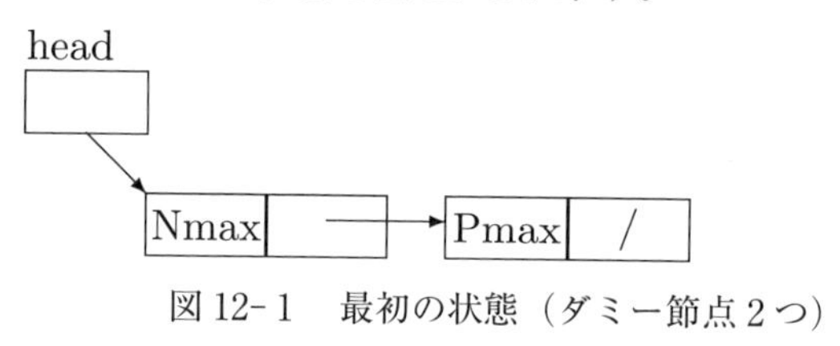

図 12- 1　最初の状態（ダミー節点 2 つ）

リストに新しくデータを追加する処理は次のようになる。追加する節点の値とそれまでの値と比較しながら追加していく（図 12- 2・3）。

```
void insert(float val)
{
```

```
    struct list *p,*q,*r;
    for(q=p=head;p->element<val;p=p->next) q=p;
  r=newlist();
  r->element=val; r->next=p; q->next=r;
}
```

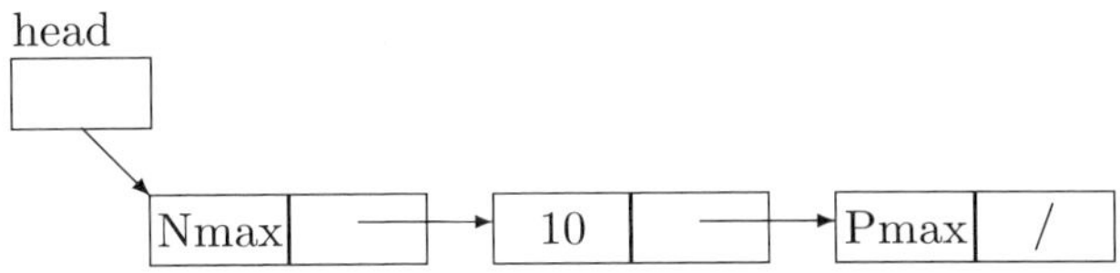

head

Nmax → 10 → Pmax /

図 12-2　データ 10 を追加

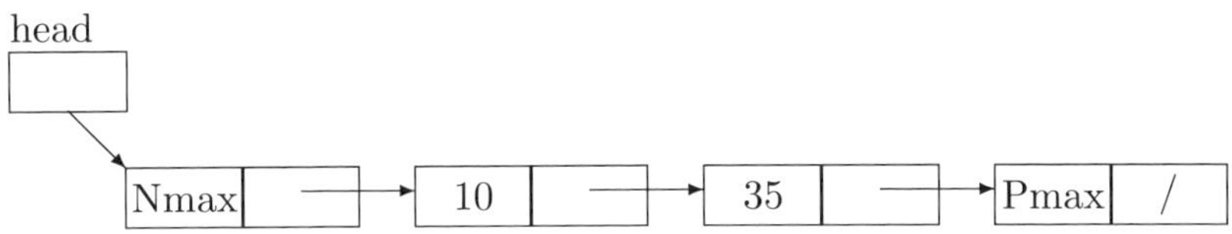

head

Nmax → 10 → 35 → Pmax /

図 12-3　さらにデータ 35 を追加

リストから指定されたデータを削除する処理は次のようになる。

```
void delete(float val)
{
   struct list *p,*q;
   if((head->next)->next==NULL) return;
   else {
      for(q=p=head;p->element<val;p=p->next) q=p;
      if(p->element==val) {
         q->next=p->next; free(p);
      }
   }
}
```

プログラムのメイン関数のみを示す。

```
/*      list1.c  単方向リスト整列入力（ダミー節点2つ） */
#include <stdio.h>
void main(void)
{

    int mode;
    float val;
    initialize();
    mode=1;
    while(mode) {
      printf("list process ?insert(1) or delete(0) = ");
      scanf("%d",&mode);
      if(mode==1) {
        printf("?data = "); scanf("%f",&val);
        insert(val);
      } else if(mode==0) {
        printf("?data = "); scanf("%f",&val);
        delete(val);
      }
      display();
      printf("?continue(1) or quit(0) = ");
      scanf("%d",&mode);
    }
}
```

演習

1. サンプルプログラム list1.c の display(void)を埋め完成させ，動作確認せよ。

2. 逆順に整列入力するようにプログラムをつくり変えよ。

12.2 環状（巡回）リスト

単方向リストでは，リストの最後尾節点はNULLポインタを持つ。

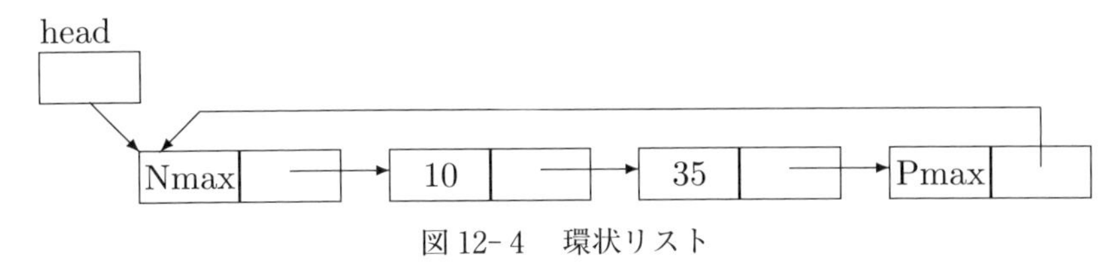

図12-4 環状リスト

環状リストでは，NULLポインタの代わりに，最後尾節点が，先頭節点を指すようにする。そうすれば，節点が環状に連鎖するリスト構造となる。リングリストとか巡回リストとも呼ばれる。

以下に，ダミー節点を2つ持つプログラムを紹介する。

```
/*     clist.c  環状リスト：整列入力（ダミー節点2つ） */
void initialize(void)
{
  struct list *p;
  head=newlist(); p=newlist();
  head->element=Nmax; head->next=p;
  p->element=Pmax; p->next=head;
}
void insert(float val)
{
   struct list *p,*q,*r;
   for(q=p=head;p->element<val;p=p->next) q=p;
```

```
    r=newlist(); r->element=val; r->next=p; q->next=r;
}
void delete(float val)
{
    struct list *p,*q;
    if((head->next)->next==head) return;
    else {
        for(q=p=head;p->element<val;p=p->next) q=p;
        if(p->element==val) {
            q->next=p->next; free(p);
        }
    }
}
void main(void){ list1.c の main()に同じ }
```

演習

1. サンプルプログラム clist.c の display(void)を埋め完成させ，動作確認せよ。
2. 逆順に整列入力するようにプログラムをつくり変えよ。

12.3 双方向リスト（重連結リスト）

これまでのリストでは，自節点の次の節点のデータには簡単にリストをたどることができるが，自節点の前の節点をたどることは容易ではない。そこで，次節点へのポインタの他に前節点へのポインタをも節点の中に設定することによって，これを容易にするリスト構造がある。ポインタが2つの方向性を持つことから，双方向リストとか重連結リストとか呼ばれる。

以下に，ダミー節点を2つ持つ双方向リストのプログラムを紹介する。

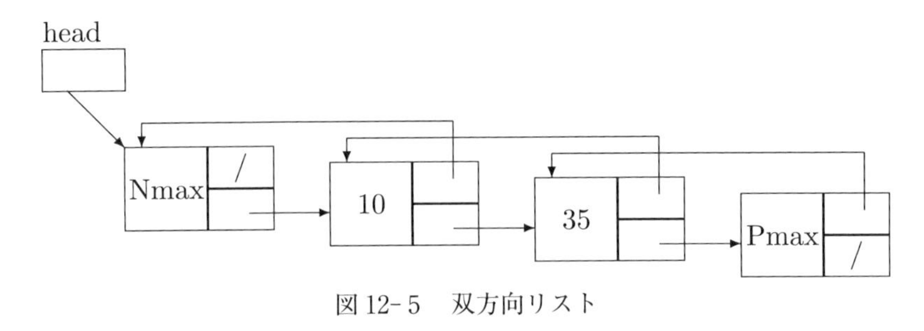

図 12-5　双方向リスト

```
/*  dlist.c  双方向リスト：整列入力（ダミー節点2つ）  */
#include <stdio.h>
#include <stdlib.h>
#define Nmax -10000.0
#define Pmax +10000.0
struct dlist {
   float element;
   struct dlist *pred,*next;
};
struct dlist *head,*tail;
struct dlist *newdlist(void)
{
    return (struct dlist *)malloc(sizeof(struct dlist));
}
void initialize(void)
{
   head=newdlist(); tail=newdlist();
   head->element=Nmax; head->pred=NULL; head->next=tail;
   tail->element=Pmax; tail->pred=head; tail->next=NULL;
}
```

```
void insert(float val)
{
   struct dlist *p,*r;
   for(p=head->next;p->element<val;p=p->next);
   r=newdlist();
   r->element=val; r->next=p;
   (p->pred)->next=r; r->pred=p->pred; p->pred=r;
}
void delete(float val)
{
   struct dlist *p;
   for(p=head->next;p->element<val;p=p->next);
   if(p->element==val) {
       (p->pred)->next=p->next;
       (p->next)->pred=p->pred;
       free(p);
    }
}
void main(void){ list1.cの main()に同じ }
```

演習

1. サンプルプログラム dlist.c の display(void)を埋め完成させ，動作確認せよ。
2. 逆順に整列入力するようにプログラムをつくり変えよ。

12.4 ダミー節点を持たないリスト

入力されたデータの値によってリストは整列させて（小さいものから大きいものへ昇順（正順）に）リンクする。

前回は，ダミー節点（データとしては意味のない，単に処理上の都合で設ける節点をいう）をあらかじめ設定して，リスト処理を考えてきたが，ダミー節点を持たない単方向リストを考える方がより一般的である。

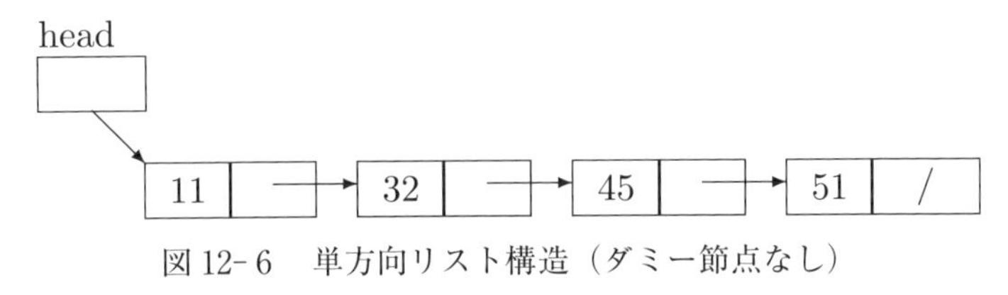

図 12- 6　単方向リスト構造（ダミー節点なし）

その参考として以下にプログラムを紹介する

```
/*  list3.c 単方向リスト：整列入力，ダミー節点なし  */
void initialize(void)
{
    head=NULL;
}
void insert(float val)
{
   struct list *p,*q,*r;
   p=head;
   r=newlist(); r->element=val;
   if(p==NULL) { r->next=p; head=r; }
   else if(p->element>=val) { r->next=p; head=r; }
   else {
       for(q=p;p!=NULL&&p->element<val;p=p->next) q=p;
       r->next=p; q->next=r;
    }
}
```

```
void delete(float val)
{
    struct list *p,*q,*r;
    p=head;
    if(p==NULL) return;
    else if(p->element==val) { head=p->next; free(p); }
    else {
      for(q=p;p!=NULL&&p->element<val;p=p->next) q=p;
      if(p!=NULL&&p->element==val) {
         q->next=p->next; free(p);
      }
   }
}
void main(void){ list1.cの main()に同じ }
```

演習

1. サンプルプログラム list3.c の display(void)を埋め，完成させ，動作確認せよ。
2. 逆順に整列入力するようにプログラムをつくり変えよ。
3. 環状リストの処理をダミー節点を設定せずにつくってみよ。
4. 双方向リストの処理をダミー節点を設定せずにつくってみよ。

13章　ハッシュ探索

データの探索法については，線形探索と二分探索を学んだが，ここではハッシュ探索について学ぶ。

探索のまとめとして，線形探索，二分探索とこれから学ぶハッシュ探索の特徴を以下に示す。

表 13-1　いろいろな探索の特徴

＊探索の技法＊	＊計算量＊	＊参考、注意事項＊
線形探索	$O(n)$	
二分探索	$O(\log n)$	データの整列
ハッシュ探索	$O(1)$	ハッシュテーブル、ハッシュ関数、衝突

ハッシュ法では探索したいデータ（キー）からその探索位置を調べるために，ハッシュ関数を用いる。キーとなる値から探索位置を定めるために一定の規則が定められている。その規則がデータの大きさ（件数）に依存しないで簡単な計算で決めることができれば，計算量として，線形探索の $O(n)$，二分探索の $O(\log n)$ でなく，データ件数 n に依存しないという意味で $O(1)$ を実現できる。

データの探索はハッシュ関数とハッシュテーブルとで実施する。ハッシュテーブルは探索したいデータの一覧表である。テーブルはハッシュ値に対応したものとなっている。

すなわち，ハッシュ値からそのテーブルをただちに検索することができ，探し出したいデータを見つけ出すことができる。

ハッシュ関数

ここでは，簡単なハッシュ関数 `f` の例として，`int hashvalue(char *str)` を定義している。この関数は，キーとなる文字列 `char *str` を取り出し，そのASCII 文字としてのコードを数値として見立て，その合計値を計算する。

さらにその値をハッシュテーブルの大きさで剰余計算をし，剰余の値をハッシュ値として返すものである。例のプログラムでは，キーとして `tanaka` を与えると4というハッシュ値が得られる（図13-1）。

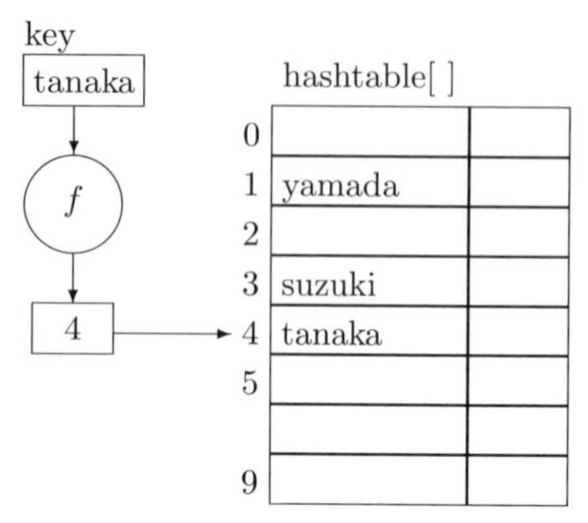

図13-1 ハッシュ探索

衝突

ハッシュ探索は望ましい状況に置いては，データ件数 n に依存しない $O(1)$ を実現できるが，現実には，探し出したいキーに対して常に，ハッシュテーブルの位置が一意に特定できるとは限らない。

言いかえれば，キーとしてまったく異なるのに同じハッシュ値になってしまうことがあり得るのである。先のハッシュ関数において `Table_size` として10を想定するとキーとして `yamada` も，`kato` も，`yamamoto` もおなじ1というハッシュ値になる。これが衝突である（図13-2）。

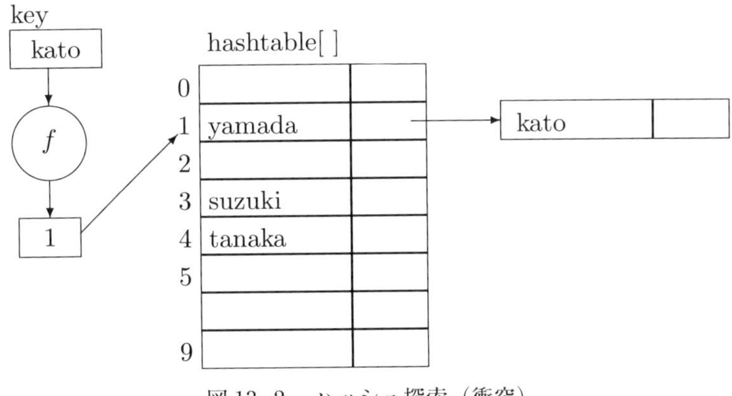

図 13-2　ハッシュ探索（衝突）

衝突が発生すると，計算量 $O(1)$ が必ずしも保証されない。ハッシュテーブルとして十分大きなサイズを用意するとか，衝突が発生しないようなハッシュ関数をつくり出す等の工夫が必要となる。

衝突の際に単方向リストに付加する方法

衝突が発生した際には，それに対する対策としてはいろいろな方法が提案されている。ここでは，同じハッシュ値になった場合にはそこからリスト（単方向リスト）を構成し，数珠繋ぎにつないでいく方法（チェイン法）をとる。

新たに挿入されるデータの値はハッシュテーブルの直下に単方向リストとして，リンクされる。

サンプルプログラム（衝突の際に単方向リストに付加する方法）

また，ここではダミー節点を持たない単方向リストで実現する。

次にサンプルプログラムを紹介する。ここでは，ハッシュ探索を実現するために，キーとなるデータだけを持つ例を取り上げる。

キーをハッシュテーブルに挿入する関数 `insert()` キーをハッシュテーブルから削除する関数 `delete()` および，ハッシュテーブルからキーを探し出す `hashsearch()` に注目して欲しい。

```
/*   hash.c  ハッシュ探索（衝突の際に単方向リストに付加）   */
#include <stdio.h>
#include <stdlib.h>
#define Table_size 10
struct hash {
   char key[20];
   struct hash *next;
};
struct hash *hashtable[Table_size];
struct hash *newlist(void)
{
    return (struct hash *)malloc(sizeof(struct hash));
}
int hashvalue(char *str)
{
    int i;
    for(i=0; *str!== \0= ; str++) i+=*str;
    return i%Table_size;
}
void initialize(void)
{
   int i;
   for(i=0; i<Table_size; i++) hashtable[i]=NULL;
}
struct hash *hashsearch(char *data)
{
   struct hash *p;
   int v;
```

```
    v=hashvalue(data);
    for(p=hashtable[v]; p!=NULL; p=p->next)
        if(!strcmp(data,p->key)) return p;
    return NULL;
}
void insert(char *data)
{
    struct hash *p;
    int v;
    v=hashvalue(data);
    for(p=hashtable[v]; p!=NULL; p=p->next)
        if(!strcmp(data,p->key)) return;
    p=newlist();
    strcpy(p->key,data);
    p->next=hashtable[v];
    hashtable[v]=p;
}
void delete(char *data)
{
    struct hash *p,*q;
    int v;
    v=hashvalue(data);
    p=hashtable[v];
    if(p==NULL) return;
    else if(!strcmp(data,p->key)) {
        hashtable[v]=p->next; free(p);
    } else {
        for(q=p; p!=NULL&&strcmp(data,p->key); p=p->next)
```

```
            q=p;
        if(p!=NULL&&!strcmp(data,p->key)) {
            q->next=p->next;
            free(p);
        }
    }
}
void display(void)
{
    struct hash *q;
    int i;
    for(i=0;i<Table_size;i++) {
        q=hashtable[i];
        printf("%d: %6x\n",i,q);
        if(q!=NULL) {
          for(;q!=NULL;q=q->next) {
            printf("list -> %6x: %10s: %6x\n",
              q,q->key,q->next);
        }
      }
    }
}
void main(void)
{
    int mode;
    char data[20];
    struct hash *p;
    initialize();
```

```
  mode=1;
  while(mode) {
      printf(" ?search(2) or insert(1) or delete(0) = ");
      scanf("%d",&mode);
      if(mode==1) {
        printf("?insert data = "); scanf("%s",data);
            insert(data);
    } else if(mode==0) {
     printf("?delete data = "); scanf("%s",data);
         delete(data);
   } else if(mode==2) {
     printf("?search data = "); scanf("%s",data);
     p=hashsearch(data);
    if(p==NULL) printf("%s is not found\n",data);
         else printf("%s is found at %6x \n",p->key,p);
   }
   display();
   printf("?continue(1) or quit(0) = ");
   scanf("%d",&mode);
 }
}
```

演習

1. サンプルプログラム hash.c をつくり，動作確認せよ。
2. ここでの衝突の際の単方向リストへのリンクは，最新の挿入データは，必ずハッシュテーブルの直下に挿入されるようになっている。これを，昇順に（アルファベット順に）整列してリンクされるように改良せよ。
3. 衝突の回避の方策として開番地法（オープンアドレス法）というのもある。衝突が起こったら単に2番目以降のデータは単純にそのすぐ後の位置に順に置いていく方法である。そこがすでにデータが入っていればそこをとばす。データの登録もこの考え方で行えばよい。開番地法による衝突回避のプログラムに書きかえてみよ。

4. 開番地法ではデータが集中してしまう傾向が強いため，衝突が生じたときに2番目以降のデータの置く場所を第2のハッシュ関数 `int hashvalue2()` を用いて `hashvalue()+ hashvalue2()` の位置に格納するという方法もある。これを二重ハッシュ法（ダブルハッシュ法）という。この場合はハッシュ表の中でのデータの集中を避けることができる。二重ハッシュ法による衝突回避のプログラムに書きかえてみよ。

14章　木構造

データ構造として重要なものに，木構造がある。いろいろなデータが，階層的に枝分かれしていく場合に，それを素直な形で表現したものである。

14.1　木構造

木構造は階層的なデータ表現であり，節点（あるいは，頂点，ノード）と枝（あるいは辺）とから構成される（図14-1）。

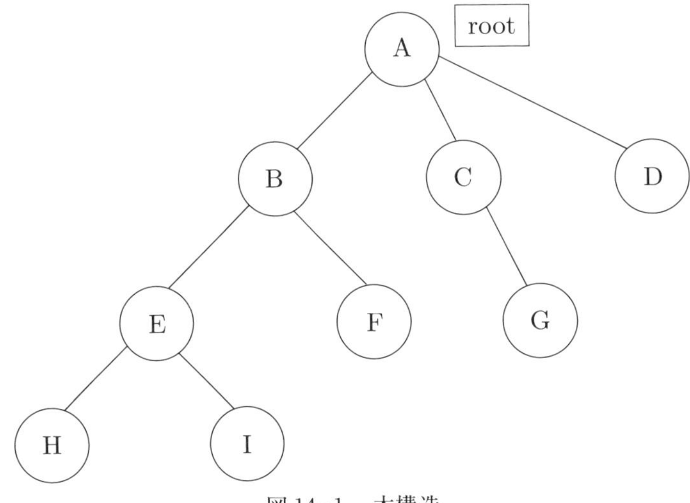

図14-1　木構造

木構造は，ある節点から枝分かれしていく形をとる。枝分かれの根元に位置する節点を特に根（ルート）とよぶ。

節点と節点とは枝で結合される。根に近い節点を親，根から遠い節点を子と呼び，一般には，節点はいくつでも子を持つことが許される。本書では，たかだか2つまでの子を持つものを紹介する。なお節点として子を持たなくてもよい。特に，子を持たない節点を葉と呼ぶ。

このように節点と枝との結合によって出来上ったものが，木構造である。図から見ると樹木の枝分かれをちょうど上下逆さまにした様子から木構造と呼ばれる。1つの節点が複数の子を持ち，これらの子の間に順序付けがなされる場合，この木を特に順序木と呼ぶ。

ある節点から見て，親，親の親，…をまとめて祖先と呼ぶ。また，ある節点から見た，子，子の子，…をまとめて子孫と呼ぶ。

根からある節点に到達するまでに通る枝の数をその節点の深さといい，根は深さは0の節点である。根からもっとも遠い（深さの大きい）節点の深さをもって，その木の高さと呼ぶ。

14.2　二分木の作成

データ構造として，木構造を使う場合には，各節点を構造体で表現し，枝をポインタで表すのが普通である。本書では二分木について考えよう。二分木（二進木）というのは，各節点の子の数がたかだか2であるような順序木のことをいう。

二分木を表現するための型宣言は次のようにする。

```
struct treex {
    int element;
    struct treex *left,*right;
};
typedef struct treex tree;
tree *root;
```

またここでは，`struct treex`を毎回宣言する代わりに`tree`を使用することにする。`root`は根を意味する。これも二分木の節点の1つであり，木全体の管理に使用する。親から子供へとたどるため，木全体の管理には根 root だけを把握しておけばよい。これはリストの先頭 head だけを把握することと同じである。

各節点には，それぞれ左方向へのポインタ left，右方向へのポインタ right という2つのポインタを用意する。子供の数が0または1の場合は，left，right の一方または両方をヌルポインタ（NULL）とする。ここで取り扱う二分木は，順序木であるから，left が NULL の場合と，right が NULL の場合では，異なった木と見なされる。

二分木を作成し，その内容を表示するサンプルプログラムを示す。

このプログラムでは，まず最初に配列 key[]の先頭の値を根の節点に設定する（initialize()）。

*newnode()は，二分木の節点一件分をスタックヒープ領域から確保し，そこに val の値をセットする。なおポインタについては両方ともヌルポインタとする。関数値としては確保した節点のアドレスを返す。

根の節点を設定した後は，その節点からより小さい値のものを左の枝に，より大きい値のものを右の枝に枝分かれをして挿入していく（insert()）。

出来上がった木構造の，木の探索については，根の節点を最初に探索し探索した値が根の節点より小さければ，左の枝に分岐し，より大きければ右の枝に分岐して探していく（*search()）。

printnode()は，二分木における節点の具体的なデータ（値及び左右のポインタの値）をプリントするものである。

```
/* treemake.c */
#include <stdio.h>
#include <stdlib.h>
struct treex {
    int element;
    struct treex *left,*right;
```

```
};
typedef struct treex tree;
tree *root;
tree *newnode(int val)
{
    tree *p;
    p=(tree *)malloc(sizeof(tree));
    p->element=val; p->left=NULL;
    p->right=NULL;
    return p;
}
void initialize(int val) { root=newnode(val); }
void insert(int val, tree *p)
{
    if(val>p->element) {
        if(p->right!=NULL) insert(val,p->right);
        else p->right=newnode(val);
    } else if (val<p->element) {
        if(p->left!=NULL) insert(val,p->left);
        else p->left=newnode(val);
    } else return;
}
tree *search(int val,tree *p)
{
    if(val==p->element) return p;
    if(val>p->element) {
          if(p->right==NULL) return NULL;
          else return search(val,p->right);
```

```
    } else {
        if(p->left==NULL) return NULL;
        else return search(val,p->left);
}
}
void printnode(int val,tree *p)
{
    if(p==NULL) printf(" %3d was not found\n",val);
    else printf(" %3d addr %6lx left %6lx right %6lx \n",
         p->element,p,p->left,p->right);
}
void main(void)
{
    int i,key[]={50,80,60,30,10,20,40,90,70};
    initialize(key[0]);
    for(i=1;i<9;i++) insert(key[i],root);
    printf("each node\n");
    for(i=0;i<9;i++) printnode(key[i],search(key[i],root));
}
```

このプログラムの実行結果は次のようになる（ただし節点のアドレスの値は処理系によって変わる）。

```
each node
 50 addr 380fe8 left 381030 right 381000
 80 addr 381000 left 381018 right 381090
 60 addr 381018 left      0 right 3810a8
 30 addr 381030 left 381048 right 381078
```

```
10 addr 381048 left    0 right 381060
20 addr 381060 left    0 right      0
40 addr 381078 left    0 right      0
90 addr 381090 left    0 right      0
70 addr 3810a8 left    0 right      0
```

このプログラムの実行結果をもとに図式化すれば，図14-2のような木構造図が得られる。

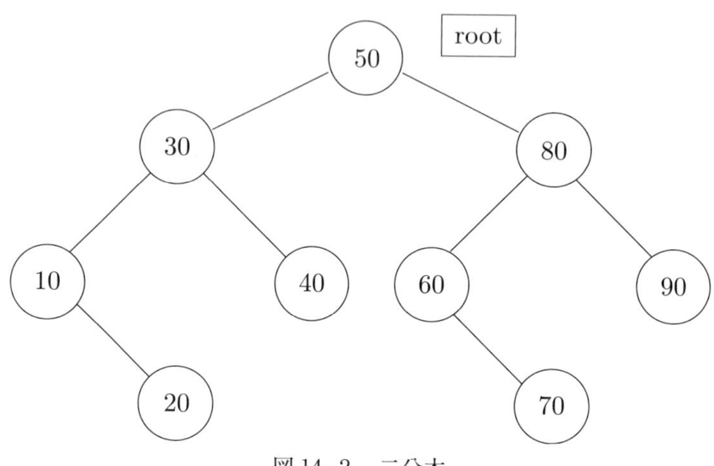

図14-2 二分木

演習

1. treemake.c をつくり，動作確認せよ。
2. treemake.c で構築された二分木に対し，val として，順に 10,20,30,40,…,80,90 の節点を（この順で）探索しその節点情報（値，ポインタのアドレス）を順に表示するプログラムをつくれ。

14.3 二分木の探索，走査

木に関するもっとも基本的な操作は，木の各節点を1つずつたどって，調べることである。

二分木における節点の探索の方法は search()で，節点の具体的なデータをプリントするものは printnode()に例を示した。

ここでは，基本操作の1つとして二分木のデータの最大値を探索する方法を考えてみよう。プログラムとして searchmax()のように表現することができる。根から右部分木を順に，再帰を用いて探す。

```
tree *searchmax(tree *r)
{
    if(r->right==NULL) return r;
        else return searchmax(r->right);
}
```

一方，木の走査（トラバーサル）と呼ばれる探索方法がある。走査としてよく使われるのは，次の3つの方法である。

1. 前順走査：親の節点を調べてから，子供を調べに行く
2. 間順走査：最初の子供を調べてから親を調べる。その後，残りの子供を順に調べる。この手順は，もっぱら2分木に対して使われる（2分木以外にはあまり意味がない）
3. 後順走査：子供を全て調べてから親を調べる

これらを実現する方法を二分木の場合について検討しよう。

まず前順走査の手続きを以下に示す。引数 p が走査の対象となる節点を指すポインタの値である。節点 p 自身に処理（ここでは p-> element の表示）を加えてから，左右の子供に対して走査の手続き preorder()を再帰的に呼び出す。

この手続きを preorder(root)の形で呼び出せば，木全体を走査することができる。同様に，間順走査や後順走査については次のようになろう（再帰を用いて表現する）。

```
void preorder(tree *p)
```

```
{
    if(p!=NULL) {
        printf(" %d",p->element);
        preorder(p->left);
        preorder(p->right);
    }
}
void inorder(tree *p)
{
    if(p!=NULL) {
        inorder(p->left);
        printf(" %d",p->element);
        inorder(p->right);
    }
}
void postorder(tree *p)
{
    if(p!=NULL) {
        postorder(p->left);
        postorder(p->right);
        printf(" %d",p->element);
    }
}
```

以下に，サンプルプログラムを示す（ここではメイン関数のみを示す)。

```
/*  treewalk.c  */
void main(void)
```

```
{
    int i;
    int key[]={50,80,60,30,10,20,40,90,70};
    initialize(key[0]);
    for(i=1;i<9;i++) insert(key[i],root);
    printf("search max=%d \n",searchmax(root)->element);
    printf("preorder\n"); preorder(root); printf("\n");
    printf("inorder\n"); inorder(root); printf("\n");
    printf("postorder\n"); postorder(root); printf("\n");
}
```

このプログラム実行結果は以下のようになるはずである。

```
search max=90
preorder
 50  30  10  20  40  80  60  70  90
inorder
 10  20  30  40  50  60  70  80  90
postorder
 20  10  40  30  70  60  90  80  50
```

演習

1. treewalk.c をつくり，動作確認せよ。
2. treewalk.c に，二分木のデータの最小値の探索する関数 searchmin()を追加せよ（再帰を用いて表現せよ）。

14.4　二分木からの削除

二分木からの節点の削除を考える。節点の削除については木の構成や探索ほどにはやさしくはない。節点の削除に伴って，その節点の左部分木あるいは右部分木との位置関係や順序関係を維持していかなければならないからである。

まず，特定の節点の親（parent）節点を探索する処理を紹介しておこう。プロトタイプは `*searchpr(int val,tree *r,tree *q)` とする。`r` には二分木の節点の探索開始アドレスを指定する（通常根を指定する）。`q` は探したい節点のアドレスを指定する。`val` には節点の値をセットする。当初は `q-> element` と一致するが，再帰を繰返すうちに `q-> element` は変化するので，別途与えておく。`*searchpr( )` は親が見つかれば親の節点アドレスが返る。見つからなければあるいは親がいなければ（例えば根には親はいない）NULL が返る。

```
tree *searchpr(int val,tree *r,tree *q)
{
    if(r->right==NULL&&r->left==NULL) return NULL;
    else if(r->right==q||r->left==q) return r;
    else if(val>r->element) return searchpr(val,r->right,q);
    else return searchpr(val,r->left,q);
}
```

節点の削除に当たっては，その節点が子を持たない節点（葉）である場合と，1つの子（及びその子孫を含む部分木）を持つ場合と2つの子（及びその子孫を含む部分木）を持つ場合とに分けて考える。関数 `delete(int val,tree *r)` が節点を削除する。

葉の節点を削除する場合にはその節点の子孫はいないため，その親の節点を調べ，親から自分自身を指すポインタを削除し，不要になった節点のメモリを OS に返せばよい（`free()`）。

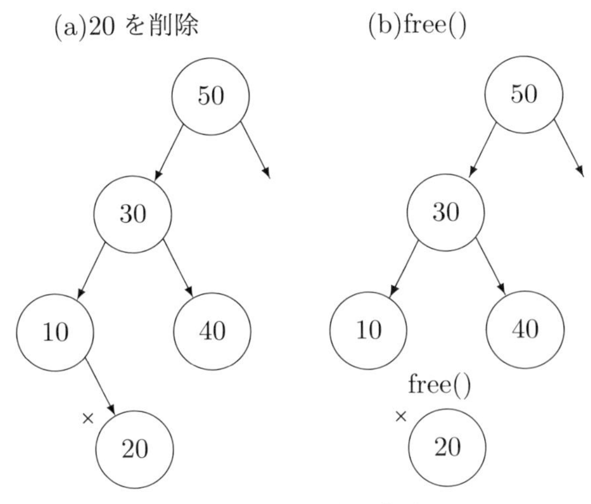

図 14-3　葉節点の削除

左部分木あるいは右部分木のみを持つ場合には，削除する節点の子（その子孫を含む）へのポインタを自分の親にリンクし，不要になった節点を OS に返す。

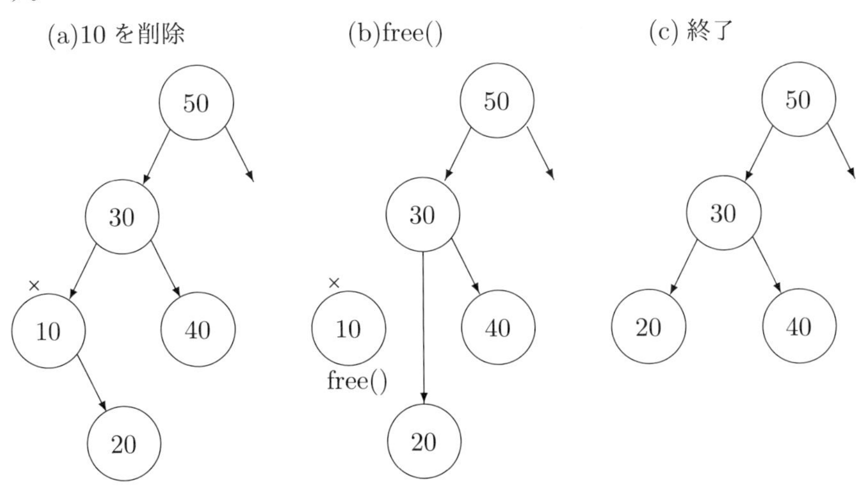

図 14-4　1 つの部分木を持つ節点の削除

削除する節点が左右，二つの部分木を持つ場合には，節点間の順序関係を崩さないように配慮する必要がある。削除する節点の左部分木に着目するのであれば，その中の最大の値を持つ節点を探し出す。そしてその節点を削除する節点に書きかえる。あるいは，右部分木に着目するのであれば，その中の最小の値を持つ節点を探し出し，削除節点を書きかえる（この例のプログラムは左部分木の最大値を探している。図中(a)30 を削除すると，(b)左部分木の最大値である 20 が，代替の候補になり，最終的に(c)差替えられる)。

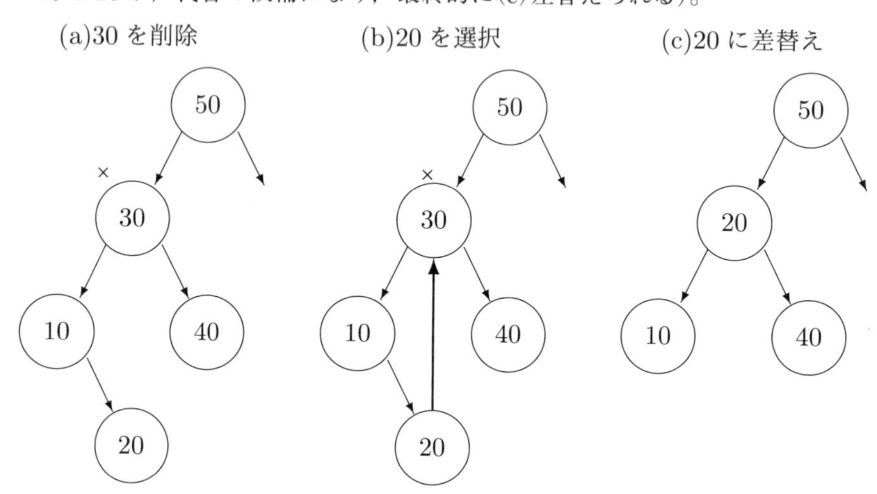

図 14-5　2 つの部分木を持つ節点の削除

ノードの削除の関数を示す。

```
void delete(int val,tree *r)
{
    tree *p,*q,**qq;
    p=search(val,r); if(p==NULL) return;
    if(p->right==NULL&&p->left==NULL) {  /*葉 */
       q=searchpr(val,r,p);
       if(q!=NULL) {
```

```
      if(q->right==p) q->right=NULL;
      else if(q->left==p) q->left=NULL;
    }
    free(p);
  } else if(p->right!=NULL&&p->left==NULL) { /*右部分木 */
     q=p->right; *p=*(p->right); free(q);
  } else if(p->right==NULL&&p->left!=NULL) { /*左部分木 */
     q=p->left; *p=*(p->left); free(q);
  } else { /*左右の部分木あり */
     for(qq=&p->left;(*qq)->right!=NULL;qq=&(*qq)->right) ;
     q=*qq; *qq=q->left; p->element=q->element; free(q);
    }
}
```

演習

1. サンプルプログラム treec.c をつくり，動作確認せよ。treemake.c で構築した木構造から葉の節点例えば 90 とか 70 を削除して，木構造の変化を確かめよ。以下にメイン関数を示す（これに，searchpr()を利用して，全てのノードの親ノードを表示する部分を追加せよ）。

```
/* treec.c */
void main(void)
{
    int i,j,key[]={50,80,60,30,10,20,40,90,70};
    initialize(key[0]);
    for(i=1;i<9;i++) insert(key[i],root);
    for(j=0;j<9;j++) printnode(key[j],search(key[j],root));
    delete(90,root);
    for(j=0;j<9;j++) printnode(key[j],search(key[j],root));
```

```
}
```

2. 削除する節点として1つの部分木を持つ節点（例えば10とか60）を削除して，木構造の変化を確かめよ。さらに，削除する節点として左右両方に部分木を持つ節点例えば30とか80を削除して，木構造の変化を確かめよ。また根の位置にある50を削除したらどうなるか。

15章　付録

C言語・演算子の優先順位と結合規則

演算子の優先順位と結合規則

<table>
<tr><th>順位</th><th>演算子</th><th>説明</th><th>結合規則</th></tr>
<tr><td>高</td><td>( )　[ ]　->　.</td><td>括弧、配列、メンバ指定</td><td>左から右へ</td></tr>
<tr><td></td><td>+　-　*　!
++　--　~
&　(型名)　sizeof</td><td>単項演算子</td><td>右から左へ</td></tr>
<tr><td></td><td>*　/　%</td><td>算術演算子（乗除算）</td><td>左から右へ</td></tr>
<tr><td></td><td>+　-</td><td>算術演算子（加減算）</td><td>左から右へ</td></tr>
<tr><td></td><td><<　>></td><td>シフト演算子</td><td>左から右へ</td></tr>
<tr><td></td><td><　<=　>=　></td><td>関係演算子（比較）</td><td>左から右へ</td></tr>
<tr><td></td><td>==　!=</td><td>関係演算子（等値）</td><td>左から右へ</td></tr>
<tr><td></td><td>&</td><td>ビット演算子</td><td>左から右へ</td></tr>
<tr><td></td><td>^</td><td>ビット演算子</td><td>左から右へ</td></tr>
<tr><td></td><td>|</td><td>ビット演算子</td><td>左から右へ</td></tr>
<tr><td></td><td>&&</td><td>論理演算子（AND)</td><td>左から右へ</td></tr>
<tr><td></td><td>||</td><td>論理演算子（OR)</td><td>左から右へ</td></tr>
<tr><td></td><td>? :</td><td>３項演算子</td><td>右から左へ</td></tr>
<tr><td></td><td>=　+=　-=　*=　/=
%=　&=　^=　|=
<<=　>>=</td><td>代入演算子</td><td>右から左へ</td></tr>
<tr><td>低</td><td>,</td><td>カンマ演算子</td><td>左から右へ</td></tr>
</table>

ASCIIコード表

ASCIIコード表

	0	1	2	3	4	5	6	7
0	NUL	DEL	SP	0	@	P	‘	p
1	SOH	DC1	!	1	A	Q	a	q
2	STX	DC2	"	2	B	R	b	r
3	ETX	DC3	#	3	C	S	c	s
4	EOT	DC4	$	4	D	T	d	t
5	ENQ	NAC	%	5	E	U	e	u
6	ACK	SYN	&	6	F	V	f	v
7	BEL	ETB	’	7	G	W	g	w
8	BS	CAN	(	8	H	X	h	x
9	HT	EM	)	9	I	Y	i	y
a	LF	SUB	*	:	J	Z	j	z
b	VT	ESC	+	;	K	[	k	{
c	FF	FS	,	<	L	\	l	|
d	CR	GS	-	=	M	]	m	}
e	SO	RS	.	>	N	^	n	~
f	SI	US	/	?	O	_	o	DEL

演習の解答例（略解）

第1章1節

例題

```
/* sum-c.c */
#include <stdio.h>
void main(void)
{
    int n;
    printf("please key in integer n =");
    scanf("%d",&n);
    printf("sum=%d\n",n*(n+1)/2);
}
```

第1章2節　演習問題

設問1

```
/* sum-a.c */
#include <stdio.h>
void main(void)
{
    int n;
    double a,d,sum;
    printf("?初項a 公差d = ");
    scanf("%lf,%lf",&a,&d);
    printf("please key in integer n =");
    scanf("%d",&n);
    printf("sum=%lf\n",
        n*(2*a+(n-1)*d)/2);
}
```

設問2

```
/* sum-b.c */
#include <stdio.h>
#include <math.h>
void main(void)
{
    int n;
    double a,r,sum;
    printf("?初項a 公比r = ");
    scanf("%lf,%lf",&a,&r);
    printf("please key in integer n =");
    scanf("%d",&n);
    printf("sum=%lf\n",
        a*(1-pow(r,n))/(1-r));
}
```

設問3

```
/* sum-2.c  */
#include <stdio.h>
void main(void)
{
    int n,sum;
    printf("please key in integer n =");
    scanf("%d",&n);
    printf("sum=%d\n",n*(n+1)*(2*n+1)/6);
}
```

設問4

```
/* sum-3.c  */
#include <stdio.h>
void main(void)
{
    int n,sum;
    printf("please key in integer n =");
    scanf("%d",&n);
    printf("sum=%d\n",n*n*(n+1)*(n+1)/4);
}
```

設問5

```
/* sum-4.c */
#include <stdio.h>
void main(void)
{
    double n,sum;
    printf("please key in value n =");
    scanf("%lf",&n);
    printf("sum=%lf\n",n/(n+1));
}
```

設問6

```
/* sum-5.c */
#include <stdio.h>
void main(void)
{
    double n,sum;
```

```
    printf("please key in value n =");
    scanf("%lf",&n);
    printf("sum=%lf\n",
        n*(3*n+5)/(4*(n+1)*(n+2)));
}
```

第1章3節　演習問題

設問1

```
/*  euclid-2.c */
#include <stdio.h>
void main(void)  {
    int r,m,n;
    printf("input integer m,n (m>n>0) =");
    scanf("%d,%d", &m,&n);
    while(n!=0) {
        r=(m>n)? m-n: n-m;
        m=n; n=r;
    }
    printf("result is %d ",m);
}
```

除算法より減算法が処理時間が大。

設問2

```
/* gcdlcm.c */
#include <stdio.h>
void main(void)  {
    int r,m,n,mo,no;
    printf("input integer m,n (m>n>0) =");
    scanf("%d,%d", &m,&n);
    mo=m;
    no=n;
    while(n!=0) {
        r=m%n;
        m=n;
        n=r;
    }
    printf("最大公約数%d,最小公倍数%d",
        m,mo*no/m);
}
```

設問3　faray 数列

n が 2，3，4 の場合以下のとおり。

```
z:\algo1>farey
please input n = 2
 1/2
z:\algo1>farey
please input n = 3
 1/3  1/2  2/3
z:\algo1>farey
please input n = 4
 1/4  1/3  1/2  2/3  3/4
```

第1章4節　演習問題

設問1

```
/* primenumbe2.c */
#include <stdio.h>
void main(void) {
    int n,i,flag;
    printf("please key in data n= ");
    scanf("%d",&n);
    flag=1;
    if(n!=2) {
        if(n%2==0) { flag=0; }
        else {
            for(i=3;i<n;i+=2)  {
             if(n%i==0) { flag=0; break; }
            }
        }
    }
    if(flag==1) printf("%dは素数\n",n);
        else printf("%dは素数でない\n",n);
}
```

設問2

```
/* primenumbe3.c */
#include <stdio.h>
void main(void) {
    int n,i,flag;
    printf("please key in data n= ");
    scanf("%d",&n);
    flag=1;
    if(n!=2) {
        if(n%2==0) { flag=0; }
```

```
    else {
      for(i=3;i*i<=n;i+=2)  {
       if(n%i==0) { flag=0; break; }
      }
    }
  }
  if(flag==1) printf("%dは素数\n",n);
    else printf("%dは素数でない\n",n);
}
```

第1章5節　演習問題

設問1

```
/* max3.c */
#include <stdio.h>
void main(void)
{
  int a,b,c,max;
  printf("please key in a,b,c =");
  scanf("%d,%d,%d",&a,&b,&c);
  if (a > b) { if (a > c) max=a; else
max=c; }
  else { if(b>c) max=b; else max=c; }
  printf("max=%d\n",max);
}
```

設問2

```
/* max4.c */
#include <stdio.h>
void main(void)
{
  int a,b,c,d,ab,cd,max;
  printf("please key in a,b,c,d =");
  scanf("%d,%d,%d,%d",&a,&b,&c,&d);
  if(a>b) ab=a; else ab=c;
  if(c>d) cd=c; else cd=d;
  if(ab>cd) max=ab; else max=cd;
  printf("max=%d\n",max);
}
```

設問3

```
/* max5.c */
#include <stdio.h>
void main(void)
{
  int a,b,c,d,e,max;
  printf("please key in a,b,c,d,e =");
  scanf("%d,%d,%d,%d,%d",
    &a,&b,&c,&d,&e);
  max=a;
  if(b>max) max=b;
  if(c>max) max=c;
  if(d>max) max=d;
  if(e>max) max=e;
  printf("max=%d\n",max);
}
```

設問4

```
/* max5b.c */
#include <stdio.h>
void main(void)
{
  int a,b,c,d,ab,cd,e,max;
  printf("please key in a,b,c,d,e =");
  scanf("%d,%d,%d,%d,%d",
    &a,&b,&c,&d,&e);
  if(a>b) ab=a; else ab=c;
  if(c>d) cd=c; else cd=d;
  if(ab>cd) max=ab; else max=cd;
  if(e>max) max=e;
  printf("max=%d\n",max);
}
```

第1章6節　演習問題

設問1

```
/* primenumber.c */
#include <stdio.h>
int primecheck(int n) {
  int i,flag;
  flag=1;
  for(i=2;i<n;i++)  {
    if(n%i==0) { flag=0; break; }
  }
  return flag;
```

```
}
void main(void) {
    int n,flag;
    printf("please key in data n= ");
    scanf("%d",&n);
    flag=primecheck(n);
    if(flag==1) printf("%dは素数\n",n);
     else printf("%dは素数でない\n",n);
}
```

設問 2

```
/* maxmin.c */
#include <stdio.h>
int max(int m,int n)
{
    int max;
    if(m>n) max=m; else max=n;
    return max;
}
int min(int m,int n)
{
    int min;
    if(m<n) min=m; else min=n;
    return min;
}
void main(void)
{
    int a,b;
    printf("please key in a,b =");
    scanf("%d,%d",&a,&b);
    printf("max=%d,min=%d\n",
        max(a,b),min(a,b));
}
```

第 1 章 7 節　演習問題

設問 1

swap4.c はコンパイルの際にエラーが出る。

変数へのポインタ　設問 1

```
/* maxmin2.c */
#include <stdio.h>
void maxmin(int *max,int *min,int m,int n)
{
    if(m>n) { *max=m; *min=n; } else
        { *max=n; *min=m; }
}
void main(void)
{
    int a,b,max,min;
    printf("please key in a,b =");
    scanf("%d,%d",&a,&b);
    maxmin(&max,&min,a,b);
    printf("max=%d,min=%d\n",max,min);
}
```

変数へのポインタ　設問 2

```
/* gcdlcm2.c */
#include <stdio.h>
void gcdlcm(int *gcd,int *lcm,int m,int n)
{
    int r,mo,no;
    mo=m;
    no=n;
    while(n!=0) {
        r=m%n;
        m=n; n=r;
    }
    *gcd=m;
    *lcm=mo*no/m;
}
void main(void)  {
    int m,n,gcd,lcm;
    printf("input integer m,n (m>n>0)
    =");
    scanf("%d,%d", &m,&n);
    gcdlcm(&gcd,&lcm,m,n);
    printf("最大公約数 %d 最小公倍数 %d ",
        gcd,lcm);
}
```

第 2 章 1 節　演習問題

設問 1

```
/* min-array.c */
```

```
#include <stdio.h>
void main(void)
{
   int i,min;
   int x[]={32,11,45,10,51,97,23,65,
      58,7},n=10;
   min=x[0];
   for(i=1;i<n;i++)
      if(x[i]<min) min=x[i];
   printf("min=%d\n",min);
}
```

関数化する　設問1

```
/* min-array2.c */
#include <stdio.h>
int minv(int x[],int n)
{
   int i,min;
   min=x[0];
   for(i=1;i<n;i++)
      if(x[i]<min) min=x[i];
   return min;
}
void main(void)
{
   int x[]={32,11,45,10,51,97,23,65,
      58,7},n=10;
   printf("min=%d\n",minv(x,n));
}
```

関数化する　設問2

```
/* maxmin-array2.c */
#include <stdio.h>
void maxmin(int *max,int *min,
   int n,int x[])
{
   int i;
   *min=*max=x[0];
   for(i=1;i<n;i++) {
      if(x[i]<*min) *min=x[i];
      if(x[i]>*max) *max=x[i];
   }
}
void main(void)
{
   int max,min;
   int x[]={32,11,45,10,51,97,23,65,
      58,7},n=10;
   maxmin(&max,&min,n,x);
   printf("max=%d,min=%d\n",max,min);
}
```

第2章2節　演習問題

設問1

```
/*  array-histo2.c   */
#include <stdio.h>
#define N 10
void disp(int n,int x[]){
   int i;
   for(i=0;i<n;i++) {
      printf("%d ",x[i]);
      if(i%10==9) printf("\n");
   }
   printf("\n");
}
void histogram(int n,int x[])
{
   int i,j,k,f[N];
   for(i=0;i<N;i++) f[i]=0;
   for(i=0;i<n;i++) f[x[i]/10]++;
   for(i=0;i<N;i++) {
      printf("\n %3d-%3d : ",
         10*i,10*(i+1));
      for(j=0;j<f[i];j++)
         printf("*");
   }
   printf("\n 秀:%d ",f[9]);
   for(j=0;j<f[9];j++) printf("*");
   printf("\n 優:%d ",f[8]);
   for(j=0;j<f[8];j++) printf("*");
   printf("\n 良:%d ",f[7]);
   for(j=0;j<f[7];j++) printf("*");
```

```
    printf("\n 可:%d ",f[6]);
    for(j=0;j<f[6];j++) printf("*");
    k=0;
    for(i=0;i<6;i++) k+=f[i];
    printf("\n 不可:%d ",k);
    for(j=0;j<k;j++) printf("*");
}
void main(void) {
    int x[]={32,11,45,10,23,7,15,97,
        77,64,67,79,88},n=13;
    disp(n,x);  histogram(n,x);
}
```

設問 2　(省略)

第 2 章 3 節　演習問題

設問 1

```
/* array-statis.c   */
#include <stdio.h>
#include <math.h>
void disp(int n,int x[])
{
    int i;
    for(i=0;i<n;i++) {
        printf("%d ",x[i]);
        if(i%10==9) printf("\n");
    }
    printf("\n");
}
double average(int n,int x[])
{
    int i;
    double sum;
    sum=0;
    for(i=0;i<n;i++) sum+=x[i];
    return sum/n;
}
double stdev(int n,int x[])
{
    int i;
    double av,sum,xsum;
    sum=0; xsum=0;
    for(i=0;i<n;i++) {
        sum+=x[i];
        xsum+=x[i]*x[i];
    }
    av=sum/n;
    return sqrt(xsum/n-av*av);
}
void main(void) {
    int i,j,k;
    int x[]={32,11,45,10,51,97,23,65,
        58,7},n=10;
    disp(n,x);
    printf("平均=%lf,標準偏差=%lf\n",
        average(n,x),stdev(n,x));
}
```

設問 2　(省略)

設問 3

```
/* avstdv.c   */
#include <stdio.h>
#include <math.h>
void disp(int n,int x[])
{
    int i;
    for(i=0;i<n;i++) {
        printf("%d ",x[i]);
        if(i%10==9) printf("\n");
    }
    printf("\n");
}
void avstdv(double *av,double *stdv,
    int n,int x[])
{
    int i;
    double sum,xsum;
    sum=0; xsum=0;
    for(i=0;i<n;i++) {
        sum+=x[i]; xsum+=x[i]*x[i];
    }
    *av=sum/n;
```

```
   *stdv=sqrt(xsum/n-(*av)*(*av));
}
void main(void) {
   double av,stdv;
   int x[]={32,11,45,10,51,97,23,65,
      58,7,15,27,29,4,8},n=15;
   disp(n,x);
   avstdv(&av,&stdv,n,x);
   printf("平均=%lf , 標準偏差=%lf\n",
      av,stdv);
}
```

第2章4節　演習問題

例題

```
/* array-replace.c  */
#include <stdio.h>
void disp(int n,int x[])
{
   int i;
   for(i=0;i<n;i++) {
      printf("%d ",x[i]);
      if(i%10==9) printf("\n");
   }
   printf("\n");
}
void replace(int n, int x[],
   int np, int p)
{
   x[np]=p;
}
void main(void)
{
   int x[10]={13,14,24,31,45,59,62},
      n=7;
   int p=20;
   disp(n,x);  replace(n,x,2,p);
   disp(n,x);
}
```

第2章5節　演習問題

設問1

swap2()は正しい，swap3()は値の交換をしない

第2章6節　演習問題

例題と設問1

```
/* array-shift.c  */
#include <stdio.h>
void disp(int n,int x[])
{
   int i;
   for(i=0;i<n;i++) {
      printf("%d ",x[i]);
      if(i%10==9) printf("\n");
   }
   printf("\n");
}
void shiftleft(int n,int x[])
{
   int i,wk;
   wk=x[0];
   for(i=1;i<n;i++) x[i-1]=x[i];
   x[n-1]=wk;
}
void shiftright(int n,int x[]) {
   int i,wk;
   wk=x[n-1];
   for(i=n-1;i>0;i--) x[i]=x[i-1];
   x[0]=wk;
}
void main(void)
{
   int x[7]={13,14,24,31,45,59,62},
      n=7;
   printf("before shift\n");
   disp(n,x);
   shiftleft(n,x);
   printf("\n after shift left\n");
   disp(n,x);
   shiftright(n,x);
```

```
   printf("\n after shift right\n");
   disp(n,x);
}
```

第2章7節　演習問題

例題と設問1

```
/* array-process.c  */
#include <stdio.h>
void disp(int n,int x[])
{
   int i;
   for(i=0;i<n;i++) {
      printf("%d ",x[i]);
      if(i%10==9) printf("\n");
   }
   printf("\n");
}
void delete(int n,int x[],int np)
{
   int i;
   for(i=np;i<n-1;i++) x[i]=x[i+1];
}
void deletejk(int n,int x[],
   int j,int k)
{
   int i;
   for(i=j;k<n-1;i++,k++) x[i]=x[k+
1];
}
void insert(int n,int x[],
   int nq,int q)
{
   int i;
   for(i=n-1;i>=nq;i--) x[i+1]=x[i];
   x[nq]=q;
}
void main(void)
{
   int x[10]={13,14,24,31,45,59,62},
      n=7;
   int q=28;
   disp(n,x);
   delete(n,x,2);
   disp(n-1,x);
   insert(n-1,x,2,q);
   disp(n,x);
   deletejk(n,x,2,3);
   disp(n-2,x);
}
```

設問2と設問3

```
/* arrayrev2.c    */
#include <stdio.h>
void disp(int n,int x[])
{
   int i;
   for(i=0;i<n;i++) {
      printf("%d ",x[i]);
      if(i%10==9) printf("\n");
   }
   printf("\n");
}
void reverse(int n,int a[])
{
  int i,j,tmp;
  for(i=0,j=n-1;i<j;i++,j--) {
     tmp=a[i]; a[i]=a[j]; a[j]=tmp;
  }
}
int temp[100]; /* 100 ? */
void reverse2(int n,int a[])
{
  int i;
  for(i=0;i<n;i++) temp[i]=a[i];
  for(i=0;i<n;i++) a[i]=temp[n-i-1];
}
void main(void) {
   int x[]={32,11,45,10,51,97,23,65,
      58,7,15,27,29,4,8},n=15;
   disp(n,x);
   reverse(n,x);
```

```
   disp(n,x);
   reverse2(n,x);
   disp(n,x);
}
```

設問 4

```
/* shufflejk.c  */
#include <stdio.h>
void disp(int n,int x[])
{
   int i;
   for(i=0;i<n;i++) {
      printf("%d ",x[i]);
      if(i%10==9) printf("\n");
   }
   printf("\n");
}
void shufflejk(int n,int x[],
   int j,int k)
{
   int temp[100]; /* 100 ? */
   int i,l;
   for(i=j,l=0;i<=k;i++,l++)
      temp[l]=x[i];
   for(i=0;i<j;i++,l++)
      temp[l]=x[i];
   for(i=k+1;i<n;i++,l++)
      temp[l]=x[i];
   for(i=0;i<n;i++)
      x[i]=temp[i];
}
void insert(int n, int x[],
   int nq, int q)
{
   int i;
   for(i=n-1;i>=nq;i--) x[i+1]=x[i];
   x[nq]=q;
}
void main(void)
{
   int x[10]={13,14,24,31,45,59,62},
      n=7;
   disp(n,x);
   shufflejk(n,x,2,3);
   disp(n,x);
}
```

第 2 章 8 節　演習問題

設問 1

```
/* divide.c  */
#include <stdio.h>
void disp(int n,int x[])
{
   int i;
   for(i=0;i<n;i++) {
      printf("%d ",x[i]);
      if(i%10==9) printf("\n");
   }
   printf("\n");
}
void main(void) {
   int z[10]={10,11,23,32,45,51,65,98},
      n=8;
   int ze[10],zo[10];
   int i,j,k;
   disp(8,z);
   j=k=0;
   for(i=0;i<n;i++) {
      if(z[i]%2==0) ze[j++]=z[i];
         else zo[k++]=z[i];
   }
   disp(j,ze);
   disp(k,zo);
}
```

第 2 章 9 節　演習問題

設問 1

```
/* prime2.c  */
#include <stdio.h>
#define MAX 100
void main(void)
```

```
{
   int prime[MAX+1];
   int i,j;
   for(i=0;i<=MAX;i++) prime[i]=1;
   prime[0]=0; prime[1]=0;
   for(i=2;i*i<=MAX;i++) {
      if(prime[i]==1) {
         for(j=i*2;j<=MAX;j+=i)
            prime[j]=0;
      }
   }
   for(i=2;i<=MAX;i++) {
      if(prime[i]==1) printf("%d ",i);
   }
}
```

第3章1節　演習問題

設問1（省略）

設問2

```
/* bubsortr.c 関数本体のみを示す */
void bubsortr(int n,int x[])
{
   int i,k;
   for(k=n-2;k>=0;k--) {
      for(i=0;i<=k;i++) {
         if(x[i]<x[i+1])
            swap(&x[i],&x[i+1]);
      }
   }
}
/* bubsort2r.c 関数本体のみを示す */
void bubsort2r(int n,int x[])
{
   int i,j;
   for(j=0;j<=n-2;j++) {
      for(i=n-1;i>j;i--) {
         if(x[i]>x[i-1])
            swap(&x[i],&x[i-1]);
      }
   }
}
/* bubsort3r.c 関数本体のみを示す */
void bubsort3r(int n,int x[])
{
   int i,j,k;
   for(j=0,k=n-2;j<=k;j++,k--) {
      for(i=j;i<=k;i++) {
         if(x[i]<x[i+1])
            swap(&x[i],&x[i+1]);
      }
      for(i=k;i>j;i--) {
         if(x[i]>x[i-1])
            swap(&x[i],&x[i-1]);
      }
   }
}
```

設問3

```
/* bubsort.c 関数本体のみを示す */
void bubsort(int n,int x[])
{
   int i,k,flag;
   for(k=n-2;k>=0;k--) {
      flag=0;
      for(i=0;i<=k;i++) {
         if(x[i]>x[i+1]) {
            swap(&x[i],&x[i+1]);
               flag=1;
         }
      }
      if(flag==0) break;
   }
}
```

設問4

```
/* bubsort3b.c 関数本体のみを示す */
void bubsort3b(int n,int x[])
{
   int i,j,k,s;
   for(j=0,k=n-2;j<=k;j++,k--) {
      for(i=j;i<=k;i++) {
         if(x[i]>x[i+1]) {
```

```
            swap(&x[i],&x[i+1]); s=i;
         }
      }
      k=s;
      for(i=k;i>j;i--) {
         if(x[i]<x[i-1]) {
            swap(&x[i],&x[i-1]); s=i;
         }
      }
      j=s;
   }
}
```

第3章2節　演習問題

設問1（省略）

設問2

```
/* selsort2b.c 関数本体のみを示す */
void selsort2b(int n,int x[])
{
   int i,j,jmin;
   for(i=0;i<=n-2;i++) {
      jmin=i;
      for(j=i+1;j<=n-1;j++)
         if(x[j]<x[jmin]) jmin=j;
      if (i! =jmin)  swap (&x  [i]  ,&x
[jmin]);
   }
}
```

設問3

```
/* selsortr.c 関数本体のみを示す */
void selsortr(int n,int x[])
{
   int i,j;
   for(i=n-1;i>0;i--) {
      for(j=0;j<=i-1;j++) {
         if(x[j]<x[i])
            swap(&x[j],&x[i]);
      }
   }
}
```

第3章3節　演習問題

設問1（省略）

設問2

```
/* inssortr.c 関数本体のみを示す */
void inssortr(int n,int x[])
{
   int i,j,t;
   for(i=1;i<=n-1;i++) {
      t=x[i];
      for(j=i-1;j>=0&&x[j]<t;j--)
         x[j+1]=x[j];
      x[j+1]=t;
   }
}
```

第3章4節　演習問題

設問1（省略）

設問2

```
/* shellsort.c 関数本体のみを示す */
void shellsort(int n,int x[])
{
   int i,j,k,t,h;
   for(h=1;h<n;h=3*h+1) ;
   for(;h>0;h/=3){
      for(k=0;k<h;k++) {
        for(i=k+h;i<=n-1;i+=h) {
          t=x[i];
          for (j=i-h; j > =k&&x [j] > t;
          j-=h)
             x[j+h]=x[j];
          x[j+h]=t;
        }
      }
   }
}
```

設問3

```
/* shellsortr.c 関数本体のみを示す */
void shellsortr(int n,int x[])
{
```

```
    int i,j,k,t,h;
    for(h=n/2;h>0;h/=2){
        for(k=0;k<h;k++) {
          for(i=k+h;i<=n-1;i+=h) {
            t=x[i];
            for (j=i-h; j > =k&&x [j] < t;
            j-=h)
                x[j+h]=x[j];
            x[j+h]=t;
          }
        }
    }
}
```

処理時間の比較　設問１，２（省略）

第４章１節　演習問題

設問１

```
/* esumrec.c   esum=1+1/2+...+1/n */
#include <stdio.h>
double esum(int i)
{
   if(i==1) return 1;
   else
      return esum(i-1)+1/(double)i;
}
void main(void)
{
   int n;
   printf("key in integer n =");
   scanf("%d",&n);
   printf("esum=%f\n",esum(n));
}
```

設問２

```
/* factrec.c   fact=1*2*... *n */
#include <stdio.h>
int fact(int i)
{
   if(i==1) return 1;
   else return i*fact(i-1);
}
void main(void)
{
   int n;
   printf("key in integer n =");
   scanf("%d",&n);
   printf("fact=%d\n",fact(n));
}
```

第４章２節

例題

```
/* gcdrc.c   */
#include <stdio.h>
int gcd(int m,int n)
{
   if(n==0) return m;
   else return gcd(n,m%n);
}
void main(void)
{
   int m,n;
   printf("key in integer m,n =");
   scanf("%d,%d",&m,&n);
   printf("m=%d,n=%d,gcd=%d\n",
      m,n,gcd(m,n));
}
```

第４章３節　演習問題

例題

```
/*  combination.c  combination */
#include <stdio.h>
int combi(int n, int r) {
   if (n==r||r==0 ) return 1;
   else return
      combi(n-1,r)+combi(n-1,r-1);
}
void main(void) {
   int n,r;
   printf("input n,r= " );
   scanf("%d,%d",&n,&r);
   printf("combination n,r= %d\n",
```

```
        combi(n,r));
}
```

設問 1

```
/* fibonacci.c */
#include <stdio.h>
int fibonacci(int n) {
    if(n==1||n==2)  return 1;
    else return
        fibonacci(n-1)+fibonacci(n-2);
}
void main(void) {
    int i;
    for(i=1;i<=40;i++) {
        printf("%d ",fibonacci(i));
        if(i%10==0) printf("\n");
    }
}
```

設問 1 (n の値が大きい場合)

```
/* fibonaccic.c */
#include <stdio.h>
double fibonacci(double n) {
    if(n==1||n==2)  return 1;
    else return
        fibonacci(n-1)+fibonacci(n-2);
}
void main(void) {
    int i;
    for(i=1;i<=50;i++) {
        printf("%15.0lf ",
            fibonacci((double)i));
        if(i%5==0) printf("\n");
    }
}
```

第 4 章 4 節

例題

```
/* hanoi.c */
#include <stdio.h>
void move(int n,char a,char b,char c)
{
    if(n>1)  move(n-1, a, c, b);
    printf("ディスク%d:%c->%c\n",n,a,c);
    if(n>1)  move(n-1, b, a, c);
}
void main()
{
    int n;
    printf("ディスクの数は? ");
    scanf("%d", &n);
    move(n, 'A', 'B', 'C');
}
```

設問 1 (省略)

第 5 章 1 節　演習問題

設問 1 (省略)

設問 2

```
/* mergesortr.c merge sort */
#include <stdio.h>
void disp(int n,int x[])
{
    int i;
    for(i=0;i<n;i++) {
        printf("%d ",x[i]);
        if(i%10==9) printf("\n");
    }
    printf("\n");
}
int b[100];
void msort(int m,int n,int a[])
{
    int c,i,j,k;
    if(m<n) {
        c=(m+n)/2;
        msort(m,c,a);
        msort(c+1,n,a);
        for(i=c+1;i>m;i--)
            b[i-1]=a[i-1];
        for(j=c;j<n;j++)
            b[n+c-j]=a[j+1];
        for(k=m;k<=n;k++)
```

```
        a[k]=(b[i]>b[j])?
            b[i++]: b[j--];
    }
}
void main(void) {
    int x[]={32,11,45,10,51,97,23,65,
        58,7},n=10;
    disp(n,x);
    msort(0,n-1,x);
    disp(n,x);
}
```

設問 3，設問 4 （省略）

第 5 章 2 節　演習問題

設問 1

```
/* quicksortr.c    quick sort */
#include <stdio.h>
void disp(int n,int x[])
{
    int i;
    for(i=0;i<n;i++) {
        printf("%d ",x[i]);
        if(i%10==9) printf("\n");
    }
    printf("\n");
}
void swap(int *x,int *y)
{
    int wk; wk=*x; *x=*y; *y=wk;
}
void quicksort(int first,int last,
    int x[])
{
    int i,j,pivot;
    if(first<last) {
        pivot=x[(first+last)/2];
        i=first;
        j=last;
        while(i<=j) {
            while(x[i]>pivot) i++;
            while(x[j]<pivot) j--;
            if(i<=j)
                swap(&x[i++],&x[j--]);
        }
        quicksort(first,j,x);
        quicksort(i,last,x);
    }
}
void main(void) {
    int x[]={32,11,45,10,51,97,23,65,
        58,7},n=10;
    disp(n,x);
    quicksort(0,n-1,x);
    disp(n,x);
}
```

設問 2 （省略）

第 6 章 1 節　演習問題

設問 1

```
/* rank.c ranking list */
#include <stdio.h>
void disp(int n,int x[])
{
    int i;
    for(i=0;i<n;i++) {
        printf("%d ",x[i]);
        if(i%10==9) printf("\n");
    }
    printf("\n");
}
void disprank(int n,int x[])
{
    int i;
    for(i=0;i<n;i++) {
        printf("rank:%d,value=%d \n",
            i+1,x[i]);
        if(i%10==4) printf("\n");
    }
    printf("\n");
}
```

```
void disprank2(int n,int x[])
{
   int i,rank,wk;
   wk=x[0];
   rank=0;
   for(i=0;i<n;i++) {
      if(x[i]!=wk) {
         wk=x[i];
         rank=i;
      }
      printf("rank:%d,value=%d \n",
         rank+1,x[i]);
      if(i%10==4) printf("\n");
   }
   printf("\n");
}
void main(void) {
   int x[]={7,11,32,45,50,50,50,68,
      90,97},n=10;
   disp(n,x);
   disprank(n,x);
   disprank2(n,x);
}
```

第6章2節　演習問題

設問1と設問2

```
/* search3.c */
#include <stdio.h>
void disp(int n,int x[])
{
   int i;
   for(i=0;i<n;i++) {
      printf("%d ",x[i]);
      if(i%10==9) printf("\n");
   }
   printf("\n");
}
int search(int p,int x[],int low,
   int high)
{
   int i,ans;
   ans=-1;
   for(i=low;i<=high;i++)
      if(x[i]==p) { ans=i; break; }
   return ans;
}
int searchr(int p,int x[],int low,
   int high)
{
   int i,ans;
   ans=-1;
   for(i=high;i>=low;i--)
      if(x[i]==p) { ans=i; break; }
   return ans;
}
void main(void) {
   int i,p,q;
   int x[]={32,11,45,10,51,97,23,65,
      58,7},n=10;
   disp(n,x);
   printf("探したい値p?=");
   scanf("%d",&p);
   q=search(p,x,0,9);
   if(q==-1)
      printf("%dは見つかりません",p);
   else
      printf("%dは%d番目です",p,q);
   printf("\nもう一回 探したい値p?=");
   scanf("%d",&p);
   q=searchr(p,x,0,9);
   if(q==-1)
      printf("%dは見つかりません",p);
   else
      printf("%dは%d番目です",p,q);
}
```

第6章3節　演習問題

設問1（省略）

設問2（降順，繰返し版，再帰版）

```
/* binsearch3.c binary search */
```

```
#include <stdio.h>
void disp(int n,int x[])
{
   int i;
   for(i=0;i<n;i++) {
      printf("%d ",x[i]);
      if(i%10==9) printf("\n");
   }
   printf("\n");
}
int binsearch(int p,int x[],int low,
   int high)
{
   int ans,mid;
   ans=-1;
   while(low<=high) {
      mid=(low+high)/2;
      if(p==x[mid]) { ans=mid; break; }
      if(p<x[mid]) low=mid+1;
         else high=mid-1;
   }
   return ans;
}
int binsearch2(int p,int x[],int low,
   int high)
{
   int mid;
   if(low<=high) {
      mid=(low+high)/2;
      if(p==x[mid]) return mid;
      if(p<x[mid])
         return
          binsearch2(p,x,mid+1,high);
      else
         return
            binsearch2(p,x,low,mid-1);
   }
   return -1;
}
void main(void) {
   int i,p,q;
   int x[]={97,90,68,53,52,51,45,32,
      11,7},n=10;
   disp(n,x);
   printf("探したい値p?=");
   scanf("%d",&p);
   q=binsearch(p,x,0,9);
   if(q==-1)
      printf("%dは見つかりません",p);
   else
      printf("%dは%d番目です",p,q);
   printf("\nもう一回 探したい値p?=");
   scanf("%d",&p);
   q=binsearch2(p,x,0,9);
   if(q==-1)
      printf("%dは見つかりません",p);
   else
      printf("%dは%d番目です",p,q);
}
```

設問 3 （省略）

第 7 章 1 節　演習問題

設問 1

```
/* permuh.c */
#include <stdio.h>
#define N 20
int p[N]; /* 重複順列 */
void permuh(int n,int m,int q) {
   int i;
   if(q>=m) {
      for(i=0;i<m;i++)
         printf("%d ",p[i]+1);
      printf("\n");
      return;
   }
   for(i=0;i<n;i++) {
      p[q]=i;
      permuh(n,m,q+1);
   }
}
```

```
void main(void) {
   int i,n,m;
   printf("nΠm. input n,m = ");
   scanf("%d,%d",&n,&m);
   for(i=0;i<n;i++) p[i]=0;
   permuh(n,m,0);
}
```

第7章4節　演習問題

設問1

```
/* share5.c */
#include <stdio.h>
#define N 20
int s[N]; /* フラグ */
int p[N]; /* 順列 */
int v[4]; /* 探索解 */
int cost[5][5]={
   {10,26,15,11,18},
   {13,28,11,16,19},
   {38,19,17,15,15},
   {19,22,20,10,13},
   {40,31,24,13,10}
};
int total=10000;
void share(int n,int q) {
   int i,j,k,time;
   if(q>=n) {
       time=0;
       for(i=0;i<q;i++) {
          time+=cost[p[i]][i];
       }
       if(time<total) {
          total=time;
          for(j=0;j<q;j++)
             v[j]=p[j];
       }
       return;
   }
   for(k=0;k<n;k++) {
       if(s[k]==0) {
          s[k]=1;  p[q]=k;
          time=0;
          for(i=0;i<q;i++)
             time+=cost[p[i]][i];
          if(time<total)
             share(n,q+1);
          s[k]=0;  p[q]=0;
       }
   }
}
void main(void) {
   int i,j,n=5;
   for(i=0;i<n;i++) { s[i]=0;}
   share(n,0);
   for(i=0;i<n;i++) {
      printf("学生%d-課題%d\n",
         i+1,v[i]+1);
   }
   printf("処理時間=%d\n",total);
}
```

第7章5節

参考

```
/* nqueen_all.c */
#include <stdio.h>
#define OK 1
#define NG 0
#define N 4
int wtoe[N],ntos[N];
int nwtose[2*N-1];
int swtone[2*N-1];
void init(void)
{
   int i;
   for(i=0;i<N;i++) wtoe[i]=-1;
   for(i=0;i<N;i++) ntos[i]=OK;
   for(i=0;i<2*N-1;i++)
      nwtose[i]=OK;
   for(i=0;i<2*N-1;i++)
      swtone[i]=OK;
}
```

```
void dispQ(void)
{
   int i,j;
   for(i=0;i<N;i++) {
      for(j=0;j<N;j++) {
         if(wtoe[i]==j)
            printf("Q ");
         else printf(". ");
      }
      printf("\n");
   }
   printf("\n");
}
void try_all(int m)
{
   int n;
   for(n=0;n<N;n++) {
      if(ntos[n]==OK&&
       swtone[m+n]==OK&&
       nwtose[m-n+N-1]==OK){
         wtoe[m]=n;
         ntos[n]=NG;
         swtone[m+n]=NG;
         nwtose[m-n+N-1]=NG;
         if(m+1>=N) dispQ();
         else try_all(m+1);
         wtoe[m]==-1;
         ntos[n]=OK;
         swtone[m+n]=OK;
         nwtose[m-n+N-1]=OK;
      }
   }
}
int main(void)
{
   init();
   try_all(0);
   return 0;
}
```

第8章1節　演習問題

設問1 /* kadai1.c */

```
#include <stdio.h>
#include <math.h>
void main(void)
{
    double f,x;
    int k;
    x=1.0;
    for(k=1;k<=25;k++){
        f=1-1/sqrt(1+x);
        printf("\n %d x=%27.24lf f(x)=%27.24lf",k,x,f);
        x/=10;
    }
    x=1.0;
    for(k=1;k<=25;k++){
        f=x/(x+1+sqrt(1+x));
        printf("\n %d x=%27.24lf f(x)=%27.24lf",k,x,f);
        x/=10;
    }
}
```

設問2 /* kadai2.c */

```
#include <stdio.h>
#include <math.h>
void main(void)
{
    double f,x;
    int k;
    x=1.0;
    for(k=1;k<=25;k++){
        f=sqrt(1+x)-1;
        printf("\n %d x=%27.24lf f(x)=%27.24lf",k,x,f);
        x/=10;
    }
    x=1.0;
    for(k=1;k<=25;k++){
        f=x/(1+sqrt(1+x));
        printf("\n %d x=%27.24lf f(x)=%27.24lf",k,x,f);
        x/=10;
    }
```

```
}
```

第8章2節　演習問題 設問1

```
/*  kyusu2.c     級数の計算  */
#include <stdio.h>
#include <math.h>
#define M 1000000
void main(void)
{
   double x,f,n,nmax;
   for(nmax=10; nmax<=M; nmax*=10) {
      printf("\nn=%10.1lf\n",nmax);
      f=0.0;
      for(n=1;n<=nmax;n+=1.0){ x=1/(n*n); f+=x; }
      printf("1->n f=%27.24lf\n",f);
      f=0.0;
      for(n=nmax;n>=1;n-=1.0){ x=1/(n*n); f+=x; }
      printf("n->1 f=%27.24lf\n",f);
   }
}
```

第8章3節　演習問題 設問1

```
/* sin.c */
#include <stdio.h>
#include <math.h>
void main(void)
{
   double s,f,x,feps=1.0e-9;
   int k,flag;
   k=1; flag=1;
   printf("input x in sin(x) = "); scanf("%lf",&x);
   s=0; f=x;
   while(fabs(f)>feps) {
      printf("\n s=%12.9lf f=%12.9lf",s,f);
      if(flag==1) { s=s+f; flag=0; } else { s=s-f; flag=1; }
      k+=2;
      f=f*x*x/(k-1)/k;
   }
   printf("\nsin(x)=%12.9lf ",sin(x));
}
```

設問 2 /* cos.c */

```
#include <stdio.h>
#include <math.h>
void main(void)
{
   double s,f,x,feps=1.0e-9;
   int k,flag;
   k=0; flag=1;
   printf("input x in cos(x) = "); scanf("%lf",&x);
   s=0; f=1;
   while(fabs(f)>feps) {
      printf("\n s=%12.9lf f=%12.9lf",s,f);
      if(flag==1) { s=s+f; flag=0; } else { s=s-f; flag=1; }
      k+=2;
      f=f*x*x/(k-1)/k;
   }
   printf("\ncos(x)=%12.9lf",cos(x));
}
```

設問 3 /* sinh.c */

```
#include <stdio.h>
#include <math.h>
void main(void)
{
   double s,f,x,feps=1.0e-9;
   int k;
   k=1;
   printf("input x in sinh(x) = "); scanf("%lf",&x);
   s=0; f=x;
   while(fabs(f)>feps) {
      printf("\n s=%12.9lf f=%12.9lf",s,f);
      s=s+f;
      k+=2;
      f=f*x*x/(k-1)/k;
   }
   printf("\nsinh(x)=%12.9lf",sinh(x));
}
```

設問 4 /* cosh.c */

```
#include <stdio.h>
#include <math.h>
void main(void)
```

```
{
    double s,f,x,feps=1.0e-9;
    int k;
    k=0;
    printf("input x in cosh(x) = "); scanf("%lf",&x);
    s=0; f=1;
    while(fabs(f)>feps) {
        printf("\n s=%12.9lf f=%12.9lf",s,f);
        s=s+f;
        k+=2;
        f=f*x*x/(k-1)/k;
    }
    printf("\ncosh(x)=%12.9lf",cosh(x));
}
```

第 8 章 3 節　演習問題

設問 1，設問 2，設問 3，設問 4

```
/* equation3b.c */ /* 近似計算(x^3-x+1=0の根) */
/* 二分法とニュートン法の収束比較 */
#include <stdio.h>
#include <math.h>
void main(void)
{
    int count;
    double x,y,f,feps=1.0e-9;
    double func(double);
    double xl=-2,xh=2,xm;
    /* 二分法 */
    count=0;
    while (xl<xh) {
        xm=(xl+xh)/2;
        f=func(xm);
        printf("\n x=%12.9lf func=%12.9lf",xm,f);
        count++;
        if(f>feps) xh=xm; else if(f<-feps) xl=xm; else break;
    }
    printf("\n x=%12.9lf func=%12.9lf",xm,f);
    printf("\ncount=%d",count);
    /* ニュートン法 */
    x=-2.0;
```

```
   count=0;
   do {
      y=(2*x*x*x-1.0)/(3*x*x-1.0);
      f=y-x;
      printf("\n x=%12.9lf func=%12.9lf",x,f);
      count++;
      x=y;
   } while(fabs(f)>feps);
   printf("\nx=%12.9lf func=%12.9lf",x,f);
   printf("\ncount=%d",count);
}
double func(double x){ return x*x*x-x+1.0; }
```

第8章5節　演習問題 設問1

```
/* tra2.c */
#include <stdio.h>
#include <math.h>
#define PI 3.14159265
void main(void)
{
   double a,b,h,s;
   int i,n;
   printf("区間分割数 n ="); scanf("%d",&n);
   a=0.0;
   b=PI/2;
   h=(b-a)/n;
   s=0.0;
   for(i=0;i<n;i++) s+=h*(sin(a+i*h)+sin(a+(i+1)*h))/2;
   printf("s=%12.9lf n=%d",s,n);
}
```

設問2

```
/* tra3.c */
#include <stdio.h>
#include <math.h>
#define PI 3.14159265
double func(double x){ return x*x-x-exp(x); }
void main(void)
{
    double a,b,h,s;
    int i,n;
```

```
    printf("区間分割数 n ="); scanf("%d",&n);
    a=0.0;
    b=PI/2;
    h=(b-a)/n;
    s=0.0;
    for(i=0;i<n;i++) s+=h*(func(a+i*h)+func(a+(i+1)*h))/2;
    printf("s=%12.9lf n=%d",s,n);
}
```

第8章6節　演習問題 関数へのポインタ　設問1

```
/* root2bisec.c */
#include <stdio.h>
#include <math.h>
void main(void)
{
   double f(double);
   double bisec(double,double,double,double f(double));
   double x1,x2,feps;
   printf("初期値 x1 ="); scanf("%lf",&x1);
   printf("終了値 x2 ="); scanf("%lf",&x2);
   printf("収束条件 feps ="); scanf("%lf",&feps);
   printf("f(x)=0の解 x =%12.9lf\n",bisec(x1,x2,feps,f));
}
double f(double x){ return x*x-2.0; }
double bisec(double xl,double xh,double feps,double f(double x))
{
   double xm,fv;
   while (xl<xh) {
      xm=(xl+xh)/2;
      fv=f(xm);
      if(fv>feps) xh=xm; else if(fv<-feps) xl=xm; else break;
   }
   return xm;
}
```

関数へのポインタ　設問2

```
/* root2newton.c */
#include <stdio.h>
#include <math.h>
void main(void)
{
```

```
   double f(double),df(double);
   double newton(double,double,double f(double),double df(double));
   double x1,feps;
   printf("初期値 x1 ="); scanf("%lf",&x1);
   printf("収束条件 feps ="); scanf("%lf",&feps);
   printf("f(x)=0の解 x =%12.9lf\n",newton(x1,feps,f,df));
}
double f(double x){ return x*x-2.0; }
double df(double x){ return 2*x; }
double newton(double xl,double feps,double f(double x),double df(double x))
{
   double xs,xd,xn;
   xs=xl;
   do {
      xn=xs-f(xs)/df(xs); xd=xn-xs; xs=xn;
   } while(fabs(xd)>feps);
   return xn;
}
```

第9章1節　演習問題 設問1

```
/* random1x.c */
#include <stdio.h>
#include <stdlib.h>
#include <time.h>
void main(void) {
   int i;
   char *card[]={"Club","Diamond","Heart","Spade"};
   char *numb[]={"A","2","3","4","5","6","7","8","9","10","J","Q","K"};
   srand(time(NULL));
   i=rand()%54;
   if(i==52) printf(" JOA\n"); else if(i==53) printf(" JOB\n");
   else printf(" %s-%s\n ",card[i/13],numb[i%13]);
}
```

設問2

```
/* random1y.c */
#include <stdio.h>
#include <stdlib.h>
#include <time.h>
void main(void) {
   int i;
```

```
    char *week[]={"日","月","火","水","木","金","土"};
    srand(time(NULL));
    i=rand()%7;
    printf(" %s\n ",week[i]);
}
```

設問 3

```
/* random1z.c */
#include <stdio.h>
#include <stdlib.h>
#include <time.h>
void main(void) {
    int i;
    char *janken[]={"グー","チョキ","パー"};
    srand(time(NULL));
    i=rand()%3;
    printf(" %s\n ",janken[i]);
}
```

第 9 章 2 節　演習問題 設問 1

```
/* coin0.c */
#include <stdio.h>
#include <stdlib.h>
#include <time.h>
void main(void) {
    int i;
    char *coin[]={"表","裏"};
    srand(time(NULL));
    i=rand()%2;
    printf(" %s\n ",coin[i]);
}
```

設問 2

```
/* coin.c */
#include <stdio.h>
#include <stdlib.h>
#include <time.h>
void main(void) {
    int i,j;
    char *coin[]={"表","裏"};
    int x[100],count[2];
    srand(time(NULL));
```

```
    for(j=0;j<100;j++) {
        i=rand()%2;
        x[j]=i;
        printf(" %s ",coin[i]); if(j%10==9) printf("\n");
    }
    printf("\n");
    for(i=0;i<2;i++) count[i]=0;
    for(j=0;j<100;j++) { count[x[j]]++; }
    for(i=0;i<2;i++) printf("%s: %2d\n",coin[i],count[i]);
}
```

乱数の生成とシミュレーション

設問1　設問2の表示の繰返しを5とする

設問2　カード52枚全てを配る

```
/* card.c */
#include <stdio.h>
#include <stdlib.h>
#include <time.h>
void swap(int *p,int *q) {int wk; wk=*p; *p=*q; *q=wk; }
void main(void) {
    int i,j,k;
    char *card[]={"Club","Diamond","Heart","Spade"};
    char *numb[]={"A","2","3","4","5","6","7","8","9","10","J","Q","K"};
    int cd[52];
    for(i=0;i<52;i++) cd[i]=i;
    printf("シャフル前\n");
    for(i=0;i<52;i++) {
        printf(" %s-%s ",card[cd[i]/13],numb[cd[i]%13]); if(i%5==4) printf("\n");
    }
    printf("\n");
    srand(time(NULL));
    for(k=0;k<1000;k++) { i=rand()%52; j=rand()%52; swap(&cd[i],&cd[j]); }
    printf("シャフル後\n");
    for(i=0;i<52;i++) {
        printf(" %s-%s ",card[cd[i]/13],numb[cd[i]%13]); if(i%5==4) printf("\n");
    }
}
```

乱数の生成とシミュレーション2　設問1　パチンコ（略解）

```
/* pachinkoc.c */
#include <stdio.h>
#include <stdlib.h>
```

```
#include <time.h>
void main(void) {
   int i,k,total,sum,m=100;
   srand(time(NULL));
   sum=0;
   for(k=0;k<m;k++) {
      total=50;
      for(i=0;i<100;i++) {
         total--; if(total<=0) break;
         if(rand()%15==0) { total+=15; }
      }
      sum+=total;
   }
   printf("頻度平均(%d回) =%lf",m,(double)sum/m);
}
```

乱数の生成とシミュレーション２ 設問２　スロットマシン（略解）

```
/*  slotc.c */
#include <stdio.h>
#include <stdlib.h>
#include <time.h>
void main(void)
{
   int w1,w2,w3,point,i;
   int numb[10]={0,1,1,1,2,2,2,2,2,2};
   char *fruit[]={"りんご","みかん","メロン"};
   srand(time(NULL));
   point=50;
   for(i=0;i<20;i++) {
      point--;
      w1=numb[rand()%10]; w2=numb[rand()%10]; w3=numb[rand()%10];
      if(w1==w2&&w1==w3) {
         if(w1==0) point+=30; else if(w1==1) point+=10; else point+=5;
         printf("おめでとう！");
      }
      printf("%s-%s-%s point=%d\n",fruit[w1],fruit[w2],fruit[w3],point);
   }
}
```

乱数の生成とシミュレーション２ 設問３

```
/* janken.c */
#include <stdio.h>
```

```
#include <stdlib.h>
#include <time.h>
void swap(int *p,int *q) { int wk; wk=*p; *p=*q; *q=wk; }
void main(void) {
   int te,ct;
   char *janken[]={"グー","チョキ","パー"};
   printf("?あなたの手(グー:0,チョキ:1,パー:2)= "); scanf("%d",&te);
   srand(time(NULL));
   ct=rand()%3;
   printf("コンピュータの手=%s\n",janken[ct]);
   printf("判定結果は,");
   if(te==ct) printf("引分け（あいこ）\n");
   else if(te==0&&ct==1) printf("あなたの勝ち\n");
   else if(te==1&&ct==2) printf("あなたの勝ち\n");
   else if(te==2&&ct==0) printf("あなたの勝ち\n");
   else printf("コンピュータの勝ち\n");
}
```

乱数の生成とシミュレーション２　設問４

```
/* birthday45.c */
#include <stdio.h>
#include <stdlib.h>
#include <time.h>
#define N 45
void main(void) {
   int i,j,birthday[N],count;
   srand(time(NULL));
   for(i=0;i<N;i++) birthday[i]=rand()%365;
   for(i=0;i<N;i++)  {
      printf(" %3d ",birthday[i]); if(i%10==9) printf("\n");
   }
   printf("\n");
   count=0;
   for(i=0;i<N;i++) {
      for(j=i+1;j<N;j++) {
         if(birthday[i]==birthday[j]){
            count++; printf("birthday %d==%d(%d)\n",i,j,birthday[i]);
         }
      }
   }
   printf("count= %2d\n ",count);
```

```
}
```

乱数の生成とシミュレーション2 設問5（省略）設問6

```
/* birthday45c.c */
#include <stdio.h>
#include <stdlib.h>
#include <time.h>
#define N 45
void main(void) {
   int i,j,k,m=1000,bday[N];
   int count,sum;
   srand(time(NULL));
   sum=0;
   for(k=0;k<m;k++) {
      for(i=0;i<N;i++) bday[i] = rand()%365;
      count=0;
      for(i=0;i<N;i++) {
         for(j=i+1;j<N;j++) {
            if(bday[i]==bday[j]) count++;
         }
      }
      sum+=count;
   }
   printf("頻度平均(%d回）=%lf\n ",m,(double)sum/m);
}
```

第9章3節　演習問題 設問1
設問2，設問3は設問1の値を変更する。

```
/*  dist2.c */
#include <stdio.h>
#include <stdlib.h>
#include <time.h>
#include <math.h>
#define RAND_HALF RAND_MAX/2
double nrand(void) { return rand()/(double)RAND_MAX; }
double urand(double a,double b) { return a+(b-a)*nrand(); }
void main(void) {
   int i,j,f[10];
   double x;
   srand(time(NULL));
   printf("\n 30->70の一様乱数\n");
```

```
  for(i=0;i<10;i++) f[i]=0;
  for(i=0;i<1000;i++) { x=urand(30,70); f[(int)(x)/10]++; }
  for(i=0;i<10;i++) {
     printf("\n %3d->%3d=%6.3f ",10*i,10*(i+1),f[i]/1000.0);
     for(j=0;j<f[i]/20;j++) printf("*");
  }
  printf("\n");
}
```

第9章4節　演習問題 設問1と設問3，設問2（省略，設問1に倣う）

```
/* distran.c */
#include <stdio.h>
#include <stdlib.h>
#include <time.h>
#include <math.h>
float nrand(void) { return (float)rand()/RAND_MAX; }
float urand(float a,float b) { return a+(b-a)*nrand(); }
float nmrand(float mu,float sigma) {
   int i;
   float a;
   for(a=0,i=0;i<12;i++) a+=nrand();
   return mu+sigma*(a-6.0);
}
float nmrand_n(float mu,float sigma,int n) {
   int i;
   float a;
   for(a=0,i=0;i<n;i++) a+=nrand();
   return mu+sigma*sqrt(12.0/n)*(a-n/2.0);
}
void main(void)
{
   int i,j,k,f[10];
   float mu=5.0,sigma=1.0;
   float x,av,sum,xsum;
   printf("観測数を変えた正規乱数\n");
   srand(time(NULL));
   /* 設問1 */
   mu=50.0; sigma=10.0;
   printf("偏差値の分布");
   for(i=0;i<10;i++) f[i]=0;
```

```
    sum=0; xsum=0;
    for(i=0;i<1000;i++) {
        x=nmrand(mu,sigma); f[(int)(x)/10]++; sum+=x; xsum+=x*x;
    }
    av=sum/1000;
    printf("\n平均=%6.3f,標準偏差=%6.3f\n",av,sqrt((xsum/1000-av*av)));
    for(i=0;i<10;i++) {
        printf("\n %3d-%3d = %6.3f ",10*i,10*(i+1),f[i]/1000.0);
        for(j=0;j<f[i]/20;j++) printf("*");
    }
    printf("\n");
    /* 設問 3 */
    for(k=1;k<=32;k*=2) {
        printf("観測数=%d",k);
        for(i=0;i<10;i++) f[i]=0;
        for(i=0;i<1000;i++) { x=nmrand_n(mu,sigma,k); f[(int)(x)]++; }
        for(i=0;i<10;i++) {
            printf("\n %2d=%6.3f ",i+1,f[i]/1000.0);
            for(j=0;j<f[i]/20;j++) printf("*");
        }
        printf("\n");
    }
}
```

第 10 章 1 節　演習問題 設問 1

```
/* list0.c */
#include <stdio.h>
#include <stdlib.h>
struct list {
    float element;
    struct list *next;
};
struct list *head;
struct list *newlist(void)
{
    return (struct list *)malloc(sizeof(struct list));
}
void insert(float val)
{
    struct list *q;
```

```
    q=newlist(); q->element=val; q->next=head; head=q;
}
void delete(void)
{
    struct list *q;
    q=head;
    if(q!=NULL){ head=head->next; free(q); }
}
void initialize(void)
{
    head=NULL;
}
void display(void)
{
    struct list *q;
    printf("head : %6x\n",head);
    for(q=head;q!=NULL;q=q->next) {
        printf("%6x: %10.2f : %6x\n", q,q->element,q->next);
    }
}
void main(void)
{
    int mode;
    float val;
    initialize();
    mode=1;
    while(mode) {
        printf("list process ?insert(1) or delete(0) = "); scanf("%d",&mode);
        if(mode==1) {
            printf("?data = "); scanf("%f",&val); insert(val);
        } else if(mode==0) { delete(); }
        display();
        printf("?continue(1) or quit(0) = "); scanf("%d",&mode);
    }
}
```

設問 2　第 12 章で取り扱う（list1.c）を参照のこと。

第 11 章 1 節　演習問題 設問 1　ヘッダファイル

```
/*  stack.h */
```

```
#include <stdio.h>
#include <stdlib.h>
struct stlist {
   int id;
   struct stlist *next;
};
struct stlist *SP;  /*  Stack Pointer */
struct stlist *newstlist(void)
{
   return (struct stlist *)malloc(sizeof(struct stlist));
}
void initialize(void)
{
   SP=NULL;
}
void push(int val)
{
   struct stlist *q;
   q=newstlist(); q->id=val; q->next=SP; SP=q;
}
int pop(void)
{
   int rid;
   struct stlist *q;
   if(SP==NULL) {
      printf("stack empty\n"); return -1;
   } else {
      rid=SP->id; q=SP; SP=SP->next; free(q); return rid;
   }
}
void display(void)
{
   struct stlist *q;
   printf("SP : %6x\n",SP);
   for(q=SP;q!=NULL;q=q->next) {
      printf("%4x: %4d : %4x\n",q,q->id,q->next);
   }
}
```

設問1　プログラム

```
/* stlist.c */
```

```
#include <stdio.h>
#include "stack.h"
void main(void)
{
   int mode,id;
   initialize();
   mode=1;
   while(mode) {
      printf("stack process ?push(1) or pop(0) = "); scanf("%d",&mode);
      if(mode==1) {
         printf("?id = "); scanf("%d",&id); push(id);
      } else if(mode==0) {
         id=pop(); if(id>0) printf("id = %d was picked\n",id);
      }
      display();
      printf("?continue(1) or quit(0) = "); scanf("%d",&mode);
   }
}
```

配列版　設問 1　ヘッダファイル

```
/*  stack_array.h */
#include <stdio.h>
#define N 20
int Stack[N];     /*  Stack Area */
int SP;           /*  Stack Pointer */
void initialize(void){ SP=-1; }
void push(int val)
{
   if(SP<N-1) Stack[++SP]=val; else printf("Stack full\n");
}
int pop(void)
{
   if(SP>=0) return Stack[SP--];
   else { printf("Stack empty\n"); return -1; }
}
void display(void)
{
   int i;
   if(SP==-1) printf("Stack Empty\n");
   else for(i=SP;i!=-1;i--) printf("Stack[%d]=%d\n",i,Stack[i]);
}
```

配列版　プログラム

```
/* stack.c */
#include <stdio.h>
#include "stack_array.h"
void main(void)
{
   int mode,id;
   initialize();
   mode=1;
   while(mode) {
      printf("stack process ?push(1) or pop(0) = "); scanf("%d",&mode);
      if(mode==1) {
         printf("?id = "); scanf("%d",&id); push(id);
      } else if(mode==0) {
         id=pop(); if(id>0) printf("id = %d was picked\n",id);
      }
      display();
      printf("?continue(1) or quit(0) = "); scanf("%d",&mode);
   }
}
```

第 11 章 2 節　演習問題 設問 1　ヘッダファイル

```
/* queue.h */
#include <stdio.h>
#include <stdlib.h>
struct qlist {
   int id;
   struct qlist *next;
};
struct qlist *qhead,*qtail;
struct qlist *newqlist(void)
{
   return (struct qlist *)malloc(sizeof(struct qlist));
}
void enterq(int val)
{
   struct qlist *q;
   q=newqlist(); q->id=val; q->next=NULL;
   if(qhead==NULL) qhead=q; else qtail->next=q;
   qtail=q;
```

```
}
int removeq(void)
{
   int rid;
   struct qlist *q;
   if(qhead==NULL) {
      printf("queue is empty\n"); return 0;
   } else {
      rid=qhead->id; q=qhead;
      qhead=qhead->next; free(q);
      return rid;
   }
}
void initialize(void)
{
   qhead=NULL;
}
void display(void)
{
   struct qlist *q;
   printf("qhead : %6x , qtail : %6x\n", qhead,qtail);
   for(q=qhead;q!=NULL;q=q->next) printf("%4x: %4d : %4x\n",q,q->id,q->next);
}
```

設問1　プログラム

```
/* qlist.c */
#include <stdio.h>
#include "queue.h"
void main(void)
{
   int mode,id;
   initialize();
   mode=1;
   while(mode) {
      printf("queue process ?enter(1) or remove(0) = "); scanf("%d",&mode);
      if(mode==1) {
         printf("?id = "); scanf("%d",&id); enterq(id);
      } else if(mode==0) {
         id=removeq(); if(id>0) printf("id = %d was removed\n",id);
      }
      display();
```

```
        printf("?continue(1) or quit(0) = "); scanf("%d",&mode);
    }
}
```

配列版　設問 1　ヘッダファイル

```
/*  queue_array.h  */
#include <stdio.h>
#define N 20
int Queue[N];  /* Queue Area */
int qhead,qentry,count;  /* Head/Entry/Counter */
void initialize(void)
{
    qhead=0; qentry=0; count=0;
}
void enterq(int val)
{
    if(count<N) {
        Queue[qentry++]=val;
        if(qentry==N) qentry=0;
        count++;
    } else printf("Queue full\n");
}
int removeq(void)
{
    int val;
    if(count>0) {
        val=Queue[qhead++];
        if(qhead==N) qhead=0;
        count--;
        return val;
    } else {
        printf("Queue empty\n"); return -1;
    }
}
void display(void)
{
    int i,m;
    i=qhead;
    printf("count =%d\n",count);
    for(m=count;m>0;m--){
        printf("%d ",Queue[i++]);
```

```
      if(i==N) i=0;
   }
   printf("\n");
}
```

配列版　設問 1　プログラム

```
/* queue.c */
#include <stdio.h>
#include "queue_array.h"
void main(void)
{
   int mode,id;
   initialize();
   mode=1;
   while(mode) {
      printf("queue process ?enter(1) or remove(0) = "); scanf("%d",&mode);
      if(mode==1) {
         printf("?id = "); scanf("%d",&id); enterq(id);
      } else if(mode==0) {
         id=removeq(); if(id>0) printf("id = %d was removed\n",id);
      }
      display();
      printf("?continue(1) or quit(0) = "); scanf("%d",&mode);
   }
}
```

第 11 章 3 節　演習問題 設問 1，設問 2（省略）設問 3，設問 4

```
/* stcalcx.c -- stcalc.cの改良 */
#include <stdio.h>
#include "stack.h"
void main(void)
{
   static char idt[80]="13 24 + 25 *";
   char c;
   int num,j,x;
   initialize();
   printf("input data=%s\n",idt);
   j=0; c=idt[j++];
   while(1) {
      while(c==' '||c=='\n'||c=='\t') c=idt[j++];
      if(c=='\0') break;
```

```
    switch(c) {
      case '0': case '1': case '2': case '3': case '4': case '5':
      case '6': case '7': case '8': case '9':
        num=c-'0';
        while(1) {
          c=idt[j++];
          if(c>='0'&&c<='9') num=10*num+c-'0'; else break;
        }
        push(num); break;
      case '+': push(pop()+pop()); break;
      case '-': x=pop(); push(pop()-x); break;
      case '*': push(pop()*pop()); break;
      case '/': x=pop();
        if(x!=0) { push(pop()/x); break; }
        else {
          printf("zero divide error\n"); exit(1);
        }
      default: printf("illegal character\n"); exit(1);
    }
    c=idt[j++];
  }
  printf("result:%d\n",pop()); exit(0);
}
```

中値記法から後置記法へ　設問１，設問２（省略）

中値記法から後置記法へ　設問３　ヘッダファイル

```
/* stack2x.h -- stack2.hの改良版(関数名の変更) */
#include <stdio.h>
#include <stdlib.h>
struct stlist2 {
  char opr;     /* 演算子 */
  int pri;      /* 優先順位 */
  struct stlist2 *next;
};
struct stlist2 *SP2;
struct stlist2 *newstlist2(void)
{
  return (struct stlist2 *)malloc(sizeof(struct stlist2));
}
void initialize2(void)
{
```

```
   SP2=NULL;
}
void push2(struct stlist2 d)
{
   struct stlist2 *p;
   p=newstlist2(); p->opr=d.opr; p->pri=d.pri;
   p->next=SP2; SP2=p;
}
int pop2(struct stlist2 *p)
{
   struct stlist2 *q;
   if(SP2==NULL) return -1; else { q=SP2; p->opr=q->opr; p->pri=q->pri;
   free(q); SP2=SP2->next; return 0; }
}
int disp2(struct stlist2 *p)
{
   if(SP2==NULL) return -1;
   else { p->opr=SP2->opr; p->pri=SP2->pri; return 0; }
}
```

中値記法から後置記法へ　設問 3　プログラム

```
/* stcalc2x2.c -- stcalc2.cとstcalcx.cとの連携 */
#include <stdio.h>
#include "stack.h"
#include "stack2x.h"
void main(void)
{
   static char idt[80]="123 + 14 * 5";
   char c,odt[80];
   struct stlist2 d;
   int p,i,j,num,x;
   j=0;
   /* stcalc */
   initialize2();
   printf("input data=%s\n",idt);
   for(i=0;idt[i]!='\0';i++) {
      switch(idt[i]) {
         case '(': p=2; break;
         case ')': p=3; break;
         case '+': case '-' : p=4; break;
         case '*': case '/' : p=5; break;
```

```
        default : p=6; break;
    }
    switch(p) {
        case 2: d.opr=idt[i]; d.pri=p; push2(d); break;
        case 3:
            while(pop2(&d)!=-1) {
                if(d.pri==2) break;
                else { odt[j++]=' '; odt[j++]=d.opr; }
            }
            break;
        case 4: case 5:
            if(disp2(&d)==-1) {
                d.opr=idt[i]; d.pri=p; push2(d);
            } else {
                while(p<=d.pri) {
                    if(pop2(&d)==-1) break;
                    else { odt[j++]=' '; odt[j++]=d.opr; disp2(&d); }
                }
                d.opr=idt[i]; d.pri=p; push2(d);
            }
            break;
        case 6: odt[j++]=idt[i]; break;
    }
}
while(pop2(&d)!=-1) {
    odt[j++]=' '; odt[j++]=d.opr;
}
odt[j]='\0';
printf("output data=%s\n",odt);
/* stcalc2 */
initialize();
printf("input data=%s\n",odt);
j=0; c=odt[j++];
while(1) {
    while(c==' '||c=='\n'||c=='\t')  c=odt[j++];
    if(c=='\0') break;
    switch(c) {
        case '0': case '1': case '2': case '3': case '4': case '5':
        case '6': case '7': case '8': case '9':
            num=c-'0';
```

```
            while(1) {
               c=idt[j++];
               if(c>='0'&&c<='9') num=10*num+c-'0'; else break;
            }
            push(num); break;
         case '+': push(pop()+pop()); break;
         case '-': x=pop(); push(pop()-x); break;
         case '*': push(pop()*pop()); break;
         case '/': x=pop();
            if(x!=0) { push(pop()/x); break; }
            else { printf("zero divide error\n"); exit(1); }
         default: printf("illegal character\n"); exit(1);
      }
      c=idt[j++];
   }
   printf("result:%d\n",pop()); exit(0);
}
```

キューの応用　設問1（省略）

第11章4節　演習問題 設問1

```
/* heapsorta.c */
#include <stdio.h>
void disp(int n,int x[])
{
   int i;
   for(i=0;i<n;i++) {
      printf("%d ",x[i]); if(i%10==9) printf("\n");
   }
   printf("\n");
}
void swap(int *x,int *y)
{
   int wk; wk=*x; *x=*y; *y=wk;
}
void downheap(int i,int j,int x[])
{
   int k;
   k=2*i;
   if(k<=j) {
      if(k!=j&&x[k]>x[k+1]) k++;
```

```
        if(x[i]>x[k]) { swap(&x[i],&x[k]); downheap(k,j,x); }
    }
}
void heapsort(int n,int x[])
{
    int i;
    for(i=n;i>=1;i--) downheap(i,n,x);
    for(i=n;i>1;i--) { swap(&x[1],&x[i]); downheap(1,i-1,x); }
}
void main(void) {
    int x[11]={-1,32,11,45,10,51,97,23,65,58,7};
    int n=10; /* x[0]:dummy  x[1]--x[n]:data */
    disp(n+1,x); heapsort(n,x); disp(n+1,x);
}
```

第12章1節　演習問題 設問1

```
/* list1.c  */
#include <stdio.h>
#include <stdlib.h>
#define Nmax -10000.0
#define Pmax 10000.0
struct list {
    float element;
    struct list *next;
};
struct list *head;
struct list *newlist(void)
{
    return (struct list *)malloc(sizeof(struct list));
}
void insert(float val)
{
    struct list *p,*q,*r;
    for(q=p=head;p->element<val;p=p->next) q=p;
    r=newlist(); r->element=val; r->next=p; q->next=r;
}
void delete(float val)
{
    struct list *p,*q;
    if((head->next)->next==NULL) return;
```

```
    else {
        for(q=p=head;p->element<val;p=p->next) q=p;
        if(p->element==val) { q->next=p->next; free(p); }
    }
}
void initialize(void)
{
    struct list *p;
    head=newlist(); p=newlist();
    head->element=Nmax; head->next=p; p->element=Pmax; p->next=NULL;
}
void display(void)
{
    struct list *q;
    printf("head : %6x\n",head);
    for(q=head;q!=NULL;q=q->next) {
        printf("%4x: %10.2f : %4x\n",q,q->element,q->next);
    }
}
void main(void)
{
    int mode;
    float val;
    initialize();
    mode=1;
    while(mode) {
        printf("list process ?insert(1) or delete(0) ="); scanf("%d",&mode);
        if(mode==1) {
            printf("?data = "); scanf("%f",&val); insert(val);
        } else if(mode==0) {
            printf("?data = "); scanf("%f",&val); delete(val);
        }
        display();
        printf("?continue(1) or quit(0) = "); scanf("%d",&mode);
    }
}
```

第12章2節　演習問題 設問1

```
/* clist.c */
#include <stdio.h>
```

```
#include <stdlib.h>
#define Nmax -10000.0
#define Pmax 10000.0
struct list {
   float element;
   struct list *next;
};
struct list *head;
struct list *newlist(void)
{
   return (struct list *)malloc(sizeof(struct list));
}
void insert(float val)
{
   struct list *p,*q,*r;
   for(q=p=head;p->element<val;p=p->next) q=p;
   r=newlist(); r->element=val; r->next=p; q->next=r;
}
void delete(float val)
{
   struct list *p,*q;
   if((head->next)->next==head) return;
   else {
      for(q=p=head;p->element<val;p=p->next) q=p;
      if(p->element==val) { q->next=p->next; free(p); }
   }
}
void initialize(void)
{
   struct list *p;
   head=newlist(); p=newlist();
   head->element=Nmax; head->next=p; p->element=Pmax; p->next=head;
}
void display(void)
{
   struct list *q;
   for(q=head;q->next!=head;q=q->next) {
      printf("%4x: %10.2f : %4x\n",q,q->element,q->next);
   }
   printf("%4x: %10.2f : %4x\n",q,q->element,q->next);
```

```
}
void main(void)
{
   int mode;
   float val;
   initialize();
   mode=1;
   while(mode) {
      printf("list process ?insert(1) or delete(0) ="); scanf("%d",&mode);
      if(mode==1) {
         printf("?data = "); scanf("%f",&val); insert(val);
      } else if(mode==0) {
         printf("?data = "); scanf("%f",&val); delete(val);
      }
      display();
      printf("?continue(1) or quit(0) = "); scanf("%d",&mode);
   }
}
```

第12章3節　演習問題 設問1

```
/* dlist.c */
#include <stdio.h>
#include <stdlib.h>
#define Nmax -10000.0
#define Pmax +10000.0
struct dlist {
   float element;
   struct dlist *pred,*next;
};
struct dlist *head,*tail;
struct dlist *newdlist(void)
{
   return (struct dlist *)malloc(sizeof(struct dlist));
}
void insert(float val)
{
   struct dlist *p,*r;
   for(p=head->next;p->element<val;p=p->next);
   r=newdlist(); r->element=val; r->next=p;
   (p->pred)->next=r; r->pred=p->pred; p->pred=r;
```

```
}
void delete(float val)
{
   struct dlist *p;
   for(p=head->next;p->element<val;p=p->next);
   if(p->element==val) {
      (p->pred)->next=p->next; (p->next)->pred=p->pred; free(p);
   }
}
void initialize(void)
{
   head=newdlist(); tail=newdlist();
   head->element=Nmax; head->pred=NULL; head->next=tail;
   tail->element=Pmax; tail->pred=head; tail->next=NULL;
}
void display(void)
{
   struct dlist *q;
   printf("head : %6x\n",head);
   for(q=head;q!=NULL;q=q->next) {
      printf("%4x: %8.2f : %4x : %4x\n",q,q->element,q->pred,q->next);
   }
}
void main(void)
{
   int mode;
   float val;
   initialize();
   mode=1;
   while(mode) {
      printf("list process ?insert(1) or delete(0) ="); scanf("%d",&mode);
      if(mode==1) {
         printf("?data = "); scanf("%f",&val); insert(val);
      } else if(mode==0) {
         printf("?data = "); scanf("%f",&val); delete(val);
      }
      display();
      printf("?continue(1) or quit(0) = "); scanf("%d",&mode);
   }
}
```

第12章4節　演習問題 設問1

```
/* list3.c */
#include <stdio.h>
#include <stdlib.h>
struct list {
   float element;
   struct list *next;
};
struct list *head;
struct list *newlist(void)
{
   return (struct list *)malloc(sizeof(struct list));
}
void insert(float val)
{
   struct list *p,*q,*r;
   p=head;
   r=newlist(); r->element=val;
   if(p==NULL) { r->next=p; head=r; }
   else if(p->element>=val) {
      r->next=p; head=r;
   } else {
      for(q=p;p!=NULL&&p->element<val;p=p->next) q=p;
      r->next=p; q->next=r;
   }
}
void delete(float val)
{
   struct list *p,*q,*r;
   p=head;
   if(p==NULL) return;
   else if(p->element==val) {
      head=p->next; free(p);
   } else {
      for(q=p;p!=NULL&&p->element<val;p=p->next) q=p;
      if(p!=NULL&&p->element==val) {
         q->next=p->next; free(p);
      }
   }
```

```
}
void initialize(void)
{
   head=NULL;
}
void display(void)
{
   struct list *q;
   printf("head : %6x\n",head);
   for(q=head;q!=NULL;q=q->next) {
      printf("%4x: %10.2f : %4x\n",q,q->element,q->next);
   }
}
void main(void)
{
   int mode;
   float val;
   initialize();
   mode=1;
   while(mode) {
      printf("list process ?insert(1) or delete(0) ="); scanf("%d",&mode);
      if(mode==1) {
         printf("?data = "); scanf("%f",&val); insert(val);
      } else if(mode==0) {
         printf("?data = "); scanf("%f",&val); delete(val);
      }
      display();
      printf("?continue(1) or quit(0) = "); scanf("%d",&mode);
   }
}
```

第13章　演習問題 設問1

```
/*  hash.c */
#include <stdio.h>
#include <stdlib.h>
#define Table_size 10
struct hash {
    char key[20];
    struct hash *next;
};
```

```
struct hash *hashtable[Table_size];
struct hash *newlist(void)
{
  return (struct hash *)malloc(sizeof(struct hash));
}
int hashvalue(char *str)
{
    int i;
    for(i=0; *str!='\0'; str++) i+=*str;
    return i%Table_size;
}
void initialize(void)
{
    int i;
    for(i=0; i<Table_size; i++)  hashtable[i]=NULL;
}
struct hash *hashsearch(char *data)
{
    struct hash *p;
    int v;
    v=hashvalue(data);
    for(p=hashtable[v]; p!=NULL; p=p->next) if(!strcmp(data,p->key)) return p;
    return NULL;
}
void insert(char *data)
{
    struct hash *p;
    int v;
    v=hashvalue(data);
    for(p=hashtable[v]; p!=NULL; p=p->next) if(!strcmp(data,p->key)) return;
    p=newlist();
    strcpy(p->key,data);
    p->next=hashtable[v];
    hashtable[v]=p;
}
void delete(char *data)
{
    struct hash *p,*q;
    int v;
    v=hashvalue(data);
```

```
    p=hashtable[v];
    if(p==NULL) return;
    else if(!strcmp(data,p->key)) {
       hashtable[v]=p->next; free(p);
    } else {
       for(q=p; p!=NULL&&strcmp(data,p->key);
          p=p->next) q=p;
       if(p!=NULL&&!strcmp(data,p->key)) {
          q->next=p->next;
          free(p);
       }
    }
}
void display(void)
{
    struct hash *q;
    int i;
    for(i=0;i<Table_size;i++) {
        q=hashtable[i];
        printf("%d: %6x\n",i,q);
        if(q!=NULL) {
           for(;q!=NULL;q=q->next) {
              printf("list -> %6x: %10s: %6x\n",q,q->key,q->next);
           }
        }
    }
}
void main(void)
{
   int mode;
   char data[20];
   struct hash *p;
   initialize();
   mode=1;
   while(mode) {
      printf("hash search process ?search(2) or insert(1) or delete(0) =");
      scanf("%d",&mode);
      if(mode==1) {
         printf("?insert data = "); scanf("%s",data); insert(data);
      } else if(mode==0) {
```

```
            printf("?delete data = "); scanf("%s",data); delete(data);
        } else if(mode==2) {
            printf("?search data = "); scanf("%s",data); p=hashsearch(data);
            if(p==NULL) printf("%s is not found\n",data);
                else printf("%s is found at %6x \n",p->key,p);
        }
        display();
        printf("?continue(1) or quit(0) = "); scanf("%d",&mode);
    }
}
```

第14章2節　演習問題　設問1および設問2

```
/*  treemake3.c */
#include <stdio.h>
#include <stdlib.h>
struct treex {
    int element;
    struct treex *left, *right;
};
typedef struct treex tree;
tree *root;
tree *newnode(int val)
{
    tree *p;
    p=(tree *)malloc(sizeof(tree));
    p->element=val; p->left=NULL; p->right=NULL;
    return p;
}
void initialize(int val) { root=newnode(val); }
void insert(int val, tree *p)
{
    if(val>p->element) {
        if(p->right!=NULL) insert(val,p->right); else p->right=newnode(val);
    } else if (val<p->element) {
        if(p->left!=NULL) insert(val,p->left); else p->left=newnode(val);
    } else return;
}
tree *search(int val,tree *p)
{
    if(val==p->element) return p;
```

```
    if(val>p->element) {
        if(p->right==NULL) return NULL; else return search(val,p->right);
    } else {
        if(p->left==NULL) return NULL; else return search(val,p->left);
    }
}
void printnode(int val,tree *p)
{
    if(p==NULL) printf(" %d was not found\n",val);
    else printf(" %3d addr %8lx left %8lx right %8lx \n",
        p->element,p,p->left,p->right);
}
void main(void)
{
    int i;
    int key[]={50,80,60,30,10,20,40,90,70};
    int keys[]={10,20,30,40,50,60,70,80,90};
    initialize(key[0]);
    for(i=1;i<9;i++) insert(key[i],root);
    printf("each node\n");
    for(i=0;i<9;i++) printnode(key[i],search(key[i],root));
    printf("each node ascending order\n");
    for(i=0;i<9;i++) printnode(key[i],search(keys[i],root));
}
```

第14章3節　演習問題 設問1および設問2

```
/* treewalk6.c */
#include <stdio.h>
#include <stdlib.h>
struct treex {
    int element;
    struct treex *left,*right;
};
typedef struct treex tree;
tree *root;
tree *newnode(int val)
{
    tree *p;
    p=(struct treex *)malloc(sizeof(struct treex));
    p->element=val; p->left=NULL; p->right=NULL;
```

```
    return p;
}
void initialize(int val) { root=newnode(val); }
tree *searchmax(tree *r)
{
   if(r->right==NULL) return r; else return searchmax(r->right);
}
tree *searchmin(tree *r)
{
   if(r->left==NULL) return r; else return searchmin(r->left);
}
void preorder(struct treex *p)
{
    if(p!=NULL) {
        printf("  %d",p->element); preorder(p->left); preorder(p->right);
    }
}
void inorder(struct treex *p)
{
    if(p!=NULL) {
        inorder(p->left); printf("  %d",p->element); inorder(p->right);
    }
}
void postorder(struct treex *p)
{
    if(p!=NULL) {
        postorder(p->left); postorder(p->right); printf("  %d",p->element);
    }
}
void insert(int val, struct treex *p)
{
    if(val>p->element) {
        if(p->right!=NULL) insert(val,p->right); else p->right=newnode(val);
    } else if (val<p->element) {
        if(p->left!=NULL) insert(val,p->left); else p->left=newnode(val);
    } else return;
}
void main(void)
{
   int i,j;
```

```
   int key[]={50,80,60,30,10,20,40,90,70};
   initialize(key[0]);
   for(i=1;i<9;i++) insert(key[i],root);
   printf("search max=%d \n",searchmax(root)->element);
   printf("search min=%d \n",searchmin(root)->element);
   printf("preorder\n");  preorder(root);  printf("\n");
   printf("inorder\n");   inorder(root);   printf("\n");
   printf("postorder\n"); postorder(root); printf("\n");
}
```

第14章4節　演習問題 設問1

```
/* treec3.c */
#include <stdio.h>
#include <stdlib.h>
struct treex {
   int element;
   struct treex *left,*right;
};
typedef struct treex tree;
tree *root;
tree *newnode(int val)
{
   tree *p;
   p=(tree *)malloc(sizeof(tree));
   p->element=val; p->left=NULL; p->right=NULL;
   return p;
}
void initialize(int val) { root=newnode(val); }
void insert(int val, tree *p)
{
   if(val>p->element) {
      if(p->right!=NULL) insert(val,p->right); else p->right=newnode(val);
   } else if (val<p->element) {
      if(p->left!=NULL) insert(val,p->left); else p->left=newnode(val);
   } else return;
}
tree *search(int val,tree *p)
{
   if(val==p->element) return p;
   if(val>p->element) {
```

```
      if(p->right==NULL) return NULL; else return search(val,p->right);
   } else {
      if(p->left==NULL) return NULL; else return search(val,p->left);
   }
}
tree *searchpr(int val,tree *r,tree *q)
{
   if(r->right==NULL&&r->left==NULL) return NULL;
   else if(r->right==q||r->left==q) return r;
   else if(val>r->element) return searchpr(val,r->right,q);
   else return searchpr(val,r->left,q);
}
void delete(int val,tree *r)
{
   tree *p,*q,**qq;
   p=search(val,r);
   if(p==NULL) return;
   if(p->right==NULL&&p->left==NULL) {
      q=searchpr(val,r,p);
      if(q!=NULL) {
         if(q->right==p) q->right=NULL; else if(q->left==p) q->left=NULL;
      }
      free(p);
   } else if(p->right!=NULL&&p->left==NULL) {
      q=p->right; *p=*(p->right); free(q);
   } else if(p->right==NULL&&p->left!=NULL) {
      q=p->left; *p=*(p->left); free(q);
   } else {
      for(qq=&p->left;(*qq)->right!=NULL; qq=&(*qq)->right) ;
      q=*qq; *qq=q->left; p->element=q->element; free(q);
   }
}
void printnode(int val,tree *p)
{
   if(p==NULL) printf(" %3d was not found\n",val);
   else printf(" %3d addr %8lx left %8lx right %8lx \n",
      p->element,p,p->left,p->right);
}
void main(void)
{
```

```
    int i,j,key[]={50,80,60,30,10,20,40,90,70};
    int d=30;
    tree *p;
    initialize(key[0]);
    for(i=1;i<9;i++) insert(key[i],root);
    for(j=0;j<9;j++) printnode(key[j],search(key[j],root));
    printf("delete:30\n"); delete(d,root);
    for(j=0;j<9;j++) printnode(key[j],search(key[j],root));
}
```

設問 2 （省略）

参考文献

1) 石川宏：C によるシミュレーション・プログラミング，ソフトバンク出版，1994.
2) 石畑清：アルゴリズムとデータ構造，岩波書店，1989.
3) 奥村晴彦：C 言語による最新アルゴリズム事典，技術評論社，1991.
4) クヌース著：有澤他監訳，The Art of Computer Programming Volume1 Fundamental Algorithms Third Edition 日本語版，ASCII，2004.
5) クヌース著：有澤他監訳：The Art of Computer Programming Volume2 Seminumerical algorithms Third Edition 日本語版，ASCII，2004.
6) クヌース著：有澤他監訳：The Art of Computer Programming Volume3 Sorting and Searching Second Edition 日本語版，ASCII，2006（Third Edition 日本語版，2015）.
7) 小池慎一：連続系シミュレーション，CQ 出版，1988.
8) コルメン他：浅野他訳：アルゴリズムイントロダクション〔第 3 版〕，総合版，近代科学社，2013.
9) 近藤嘉雪：C プログラマのためのアルゴリズムとデータ構造，ソフトバンク出版，1992.
10) 近藤嘉雪：C プログラマのためのアルゴリズムとデータ構造 Part2，ソフトバンク出版，1993.
11) 戸川隼人：数値計算法，コロナ社，1981.
12) 西尾和彦：C プログラミングとデータ構造，啓学出版，1994.
13) 疋田輝雄：C で書くアルゴリズム，サイエンス社，1995.
14) 平田富夫：アルゴリズムとデータ構造＜改訂 C 言語版＞，森北出版，2002.
15) 平田富夫：アルゴリズムとデータ構造，サイエンス社，2015.

索 引

メモ欄

メモ欄

メモ欄

メモ欄

メモ欄

著者略歴

学歴　大同大学教授　2016年からは特任教授，博士(工学)（名古屋工業大学），技術士（情報工学部門）

1973年　名古屋工業大学工学部電子工学科卒業

1973年　川崎重工業（株）ほかに従事し，

1991年　豊田工業高等専門学校（助教授，教授）

2004年　大同大学教授

著書　QuickCトレーニングマニュアル（JICC出版局），C言語によるプログラム設計法（総合電子出版社），C++によるプログラム設計法（総合電子出版社），C言語演習（啓学出版，共著），技術者倫理—法と倫理のガイドライン（丸善，共著），技術士の倫理（改訂新版）（日本技術士会，共著），実務に役立つ技術倫理（オーム社，共著），技術者倫理　日本の事例と考察（丸善出版，共著）

実践的技術者のための電気電子系教科書シリーズ
アルゴリズムとデータ構造

2017年3月19日　初版第1刷発行

検印省略

著　者　田　中　秀　和
発行者　柴　山　斐呂子

発行所　**理工図書株式会社**
〒102-0082　東京都千代田区一番町27-2
電話03（3230）0221（代表）
FAX03（3262）8247
振替口座　00180-3-36087番
http://www.rikohtosho.co.jp

Printed in Japan　ISBN978-4-8446-0856-1
印刷・製本　牟禮印刷株式会社